Safa M'rad

Réorganisation de l'atelier de câblage électronique conventionnel

Safa M'rad

Réorganisation de l'atelier de câblage électronique conventionnel

Éditions universitaires européennes

Impressum / Mentions légales
Bibliografische Information der Deutschen Nationalbibliothek: Die Deutsche Nationalbibliothek verzeichnet diese Publikation in der Deutschen Nationalbibliografie; detaillierte bibliografische Daten sind im Internet über http://dnb.d-nb.de abrufbar.

Information bibliographique publiée par la Deutsche Nationalbibliothek: La Deutsche Nationalbibliothek inscrit cette publication à la Deutsche Nationalbibliografie; des données bibliographiques détaillées sont disponibles sur internet à l'adresse http://dnb.d-nb.de.

Coverbild / Photo de couverture: www.ingimage.com

Verlag / Editeur:
Éditions universitaires européennes
ist ein Imprint der / est une marque déposée de
OmniScriptum GmbH & Co. KG
Heinrich-Böcking-Str. 6-8, 66121 Saarbrücken, Deutschland / Allemagne
Email: info@editions-ue.com

Herstellung: siehe letzte Seite /
Impression: voir la dernière page
ISBN: 978-3-8417-4833-1

Dédicace

A mes chers parents

FATMA et AMOR

Pour les sacrifices que vous avez consentis, l'affection dont vous m'avez entouré et les valeurs que vous m'avez inculquées.
En témoignage de mon amour et mon éternelle gratitude.
Que DIEU vous prête joie et bonne santé.

A la mémoire de mon oncle

FATHI

A l'ange de ma vie, ma sœur

MARWA

En témoignage de mon amour continu et mes profondes considérations. Merci d'être toujours à mes coté. Que l'amour et la réussite accompagnent ta vie.

A mon cher frère

AYMEN

A mes chères sœurs

WIEM et HANENE

Avec toute mon affection et mes souhaits de bonheur et de réussite

A mes anges

1

YASSINE et NOUR

Que dieu vous protège et vous accorde une longue vie pleine de santé et de bonheur.

A mes grands parents

J'ai toujours pu compter sur votre soutien et votre encouragement. Aucune Dédicace ne saurait exprimer mon amour et ma reconnaissance.

A mes oncles, mes tantes, mes cousins et cousines

Que ce travail soit le témoignage de toute mon affection.

A tous mes amies
A tous les professeurs de l'enseignement primaire, secondaire et universitaire
ET à tous ceux qui m'ont aidé par leur amour, leur présence et leur soutien durant ces années de travail

Remerciements

A Monsieur **Lotfi SOUISSI** :

Maître assistant à l'Ecole Nationale d'Ingénieurs de Bizerte et encadrant académique de ce travail :

Votre immense savoir, votre abnégation et votre amour pour le travail nous servent de modèle. Votre respect de l'effort et votre sollicitude envers vos élèves nous encouragent et nous poussent à nous surpasser. Vos qualités humaines suscitent notre admiration et notre profond respect.

Puisse ce travail être le témoin de ma profonde gratitude.

A Monsieur **Mohamed mahdi BACCOUCHE** : Directeur de production chez (nom confidentiel) et encadreur entreprise :

Je vous remercie d'avoir accepté de diriger ce travail. Sans votre disponibilité, votre rigueur et votre savoir, ce travail n'aurait pu voir le jour.

Veuillez accepter mes sincères remerciements et l'assurance de mon profond respect.

A Monsieur **Mohamed Aymen NAAMEN** : Planificateur chez (nom confidentiel), à Monsieur **Montassar Ben BARKAOUI** : Ingénieur méthode chez (nom confidentiel) et à tout le personnel de l'atelier conventionnel.

J'ai eu l'occasion de profiter de votre sens de collaboration, votre gentillesse et votre sympathie.

Puisse ce travail être l'expression de ma profonde gratitude.

A Monsieur le président de jury **Mohamed Sadok Gueklouz** : Directeur de l'Ecole Nationale d'Ingénieurs de Bizerte et A Madame le membre de jury **Ines KHALIFA** : Maître assistant à l'Ecole Nationale d'Ingénieurs de Bizerte:

Vous me faites honneur en acceptant de juger ce travail.

Veuillez trouver ici l'expression de mes sincères remerciements et de mon profond respect.

Table des matières

Table des figures

Liste des tableaux

Nomenclature

- € : euros
- CMS : composants montés en surface
- DT : dinars tunisien
- H : heures
- ISO : international organisation for standardization
- M : mètre
- M^2 : mètre carré
- Min : minutes
- MPs : matières premières
- OF : ordre de fabrication
- PCBs : printed circuit board
- RIS : Retour Sur Investissement
- SLP : Systematic Layout Planning
- SMT : surface mount technology
- TRS : taux de rendement synthétique
- V : version
- VSM : value stream mapping
- WIP : work in process

Avant-propos

Le progrès technologique, et plus précisément celui de l'électronique, a révolutionné notre vie quotidienne et a modifié tous les éléments constituant les tissus social, économique et même politique de notre globe. L'électronique, cette science impressionnante qui a vu le jour en 1904 via l'invention du tube diode par le physicien Fleming, est devenue omniprésente dans notre vie, à tel point que nous ne pouvons plus nous en passer. En effet, l'abondance des appareils d'aujourd'hui, si familiers qu'ils soient, qui nous entourent tels que les appareils électroménagers, les ordinateurs, les cellulaires, les téléviseurs, etc., le prouve.

Au début des années 1970, quand les trois ingénieurs fondateurs de l'entreprise Intel inc. ont inventé le premier microprocesseur, l'Intel 4004, la miniaturisation des circuits électroniques est venue révolutionner le domaine de la numérisation, produisant ainsi une standardisation du transport de l'information. De grandes entreprises multinationales telles que Nortel, AJcatel et Nokia œuvrant dans l'industrie des télécommunications, Philips, Sony et Thomson œuvrant dans l'électronique grand public, ainsi que Microsoft et IBM œuvrant dans l'informatique, se sont imposées comme leaders mondiaux dans la convergence numérique. Ces gigantesques entreprises ont inondé le monde de produits extrêmement complexes, qui nous accompagnent dans notre vie quotidienne. Dans la plupart des cas, ces produits se manifestent sous forme de systèmes intégrés dont les cartes électroniques assurent le fonctionnement. Au début, dans le cadre d'une intégration verticale, ces entreprises innovatrices assuraient elles-mêmes la fabrication, au complet, de leurs produits. Mais, au fil des années, elles se sont rendu compte que cette intégration verticale ne leur garantissait pas la productivité et l'efficience souhaitées et ne leur permettait pas de mieux se concentrer sur leur mission initiale, soit la course à l'innovation sous ses deux formes, fondamentale et appliquée. Alors, elles se sont dissociées de la phase de fabrication des cartes électroniques et l'ont externalisée en faveur d'autres entreprises émergentes. De ce fait, une nouvelle industrie a vu le jour soit, l'industrie de l'assemblage de cartes électroniques (PCBA : Printed Circuit Board Assembly).

Le processus d'assemblage des cartes électroniques consiste à placer et à souder des composants électroniques sur des circuits imprimés vierges destinés à accomplir une fonction donnée. Cinq grandes phases découlent de ce processus, notamment l'assemblage automatique,

12

l'assemblage manuel, le soudage à la vague, l'assemblage mécanique et les tests électriques. La concurrence, dans ce secteur d'activité, est à son extrême. Pour pallier à des éventuelles défaillances stratégiques en termes de productivité, ces grandes entreprises ont décidé d'implanter leurs sites de production dans les pays du tiers monde où la main d'œuvre est abondante et inexpressive tels que la TUNISIE. La politique que ces entreprises adoptent pour la réalisation de leurs produits, rejoint l'approche de la mondialisation. De ce fait, est apparue la niche «grande variété, faible volume (high mix, low volume)» qui consiste à fabriquer une grande variété de produits en petites quantités.

Les enjeux, dans cette approche sont démesurés. Les entreprises qui y œuvrent doivent être extrêmement flexibles et extraordinairement réactives afin qu'elles puissent satisfaire les exigences de leurs clients dont la majorité est issue du secteur de l'électronique grand public. Dans le cadre d'un marché très fluctuant en termes de demande, ces entreprises clientes exigent de leurs fournisseurs une très bonne qualité de produits, des prix très compétitifs et des délais de livraison très rapides. Ceci engendre beaucoup de pression sur les entreprises PCBA qui se voient obligées d'ajuster, en continu, leurs processus de fabrication et leurs façons de faire dans leurs sites de production. Elles doivent adéquatement configurer leurs centres de fabrication. Le choix et le déploiement des ressources sur le plancher de production doivent prouver une grande aptitude d'adaptation à toutes sortes de changements qui peuvent découler du volume de production, de la variété des produits, de leurs routages, ainsi que d'éventuelles expansions.

Introduction générale

L'industrie de l'assemblage des cartes électroniques, à travers son lien étroit avec l'industrie des nouvelles technologies, connaît une croissance remarquable. La pression exercée sur les entreprises œuvrant dans le domaine est énorme. Ces entreprises doivent satisfaire une demande très fluctuante et extrêmement variée en termes de produits, tout en garantissant une meilleure qualité et des délais de livraison raisonnables à leurs clients. Elles doivent aussi faire face à une concurrence féroce dans ce secteur d'industrie. Pour se faire, elles doivent être très flexibles et productives. Certes, un bon niveau de qualité des produits et des procédés, un degré de flexibilité important et un niveau de rendement satisfaisant ne peuvent être réalisés qu'à travers une bonne maîtrise des flux de production. La façon avec laquelle on aménage les ressources dans un centre de production est la clé de la maîtrise des flux.

Parmi les sous-traitants leaders de l'assemblage des cartes électroniques en TUNISIE, nous comptons (nom confidentiel) Tunisie qui, grâce à sa stratégie visant à rassembler le savoir-faire dans des domaines divers a gagné une bonne réputation et a multiplié, au fil des années, sa clientèle à travers le monde. Cette multitude, nécessite, désormais, une mise à jour de l'organisation du flux de production afin d'optimiser l'espace ainsi que des outils d'amélioration de la productivité garantissant un taux de production capable de couvrir la demande qui ne cesse d'augmenter.

C'est dans ce cadre que s'inscrivent les travaux de ce projet. Ainsi, nous aurons affaire à réorganiser le secteur de câblage électronique au sein de l'atelier de montage des composants conventionnels et mettre en place des moyens qui garantissent un taux de productivité aussi optimale que possible.

Ce présent rapport illustrant ce travail, contient quatre chapitres répartis comme suit :

Le premier chapitre sera consacré à une étude préliminaire ayant pour but de présenter le groupe (nom confidentiel) Tunisie, ainsi que le cadre et la problématique de notre projet.

Le deuxième chapitre sera voué au diagnostic de l'état actuel et à une étude des solutions de réorganisation de l'implantation.

Par la suite, le troisième chapitre évoquera la mise en place d'une nouvelle organisation de l'atelier de câblage électronique conventionnel à l'aide de l'outil « Systematic Layout Planning » SLP.

Un quatrième chapitre, sera dédié à l'étude des coûts d'investissement et de la planification de déroulement du projet.

Finalement, une conclusion récapitule les différents parties et résultats.

Chapitre I

présentation de l'entreprise et définition de la problématique

Mots clés : Câblage conventionnel, cahier des charges

Chapitre I

Présentation de l'entreprise et définition

de la problématique

I.1 Introduction

Ce chapitre a pour objectif de présenter (nom confidentiel) Tunisie, ses différents ateliers et fonctions en premier lieu, et de dégager, en deuxième lieu, la problématique de notre projet tout en mettant l'accent sur les imperfections de l'organisation actuelle du secteur de câblage électronique conventionnel objet du projet. Ce chapitre sera achevé par la présentation du cahier des charges.

I.2 Présentation du groupe

(Nom confidentiel) Tunisie a été créée en 1994 par le groupe (nom confidentiel) afin de répondre aux besoins d'une clientèle Européenne attirée par des prix compétitifs et des délais de livraison très intéressants. Le groupe est Situé à Bizerte à l'extrême nord de la TUNISIE comme l'indique la figure 1.1 et dans un environnement très favorable pour l'assemblage électronique.

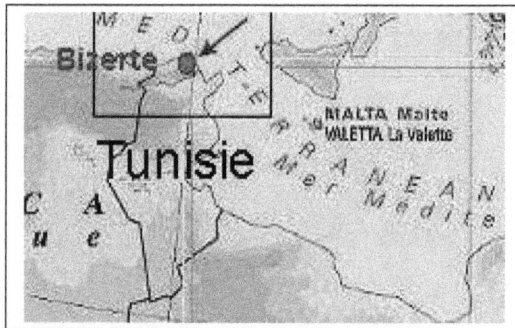

Figure 1.1- Situation géographique du groupe (nom confidentiel) [1]

Le groupe (nom confidentiel) a vu le jour en 1974 à travers la SIEM Inter et a depuis connu une expansion continue.

En termes d'emplois procurés, le groupe (nom confidentiel) a offert 330 emplois en Avril 2013. Cependant, son ambition ne s'arrête pas à ce stade, le groupe a dernièrement mis en marche une nouvelle société connue sous le nom de (nom confidentiel).

Les quatre branches sur lesquelles le groupe (nom confidentiel) œuvre comme l'indique la figure 1.2 sont :

- La Société (nom confidentiel) : spécialisée dans les métiers de l'installation électrique (basse et haute tension BT/HT) et industriel, ainsi que la maintenance électrique des installations et d'instrumentation.

- La Société (nom confidentiel) : il s'agit d'un laboratoire de métrologie et de calibration qui est fusionné avec un bureau d'études dans le domaine de l'électrique embarqué.

- La société (nom confidentiel) : Cette branche italienne intervient dans le secteur de l'assemblage automobile via la charpente métallique et la mécanique de précision.

- La société (nom confidentiel) : Cette branche se préoccupe de l'assemblage les cartes électroniques du câblage filaire, du bobinage de l'injection plastique et de l'assemblage des disjoncteurs.

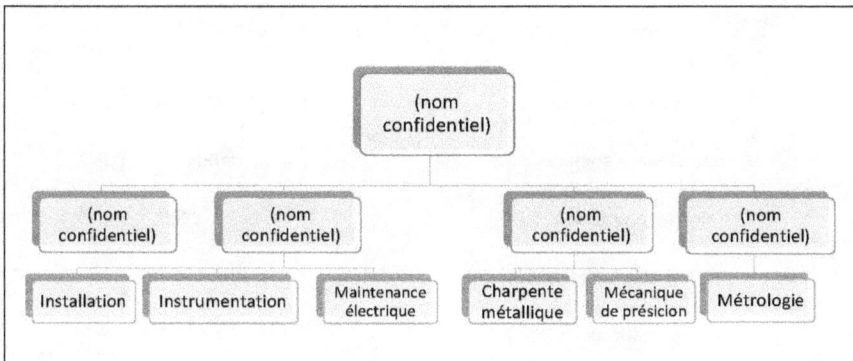

Figure 1.2- Les métiers du groupe (nom confidentiel).

I.3 Présentation de (nom confidentiel) Tunisie

Dotée de 20 ans d'expérience en sous-traitance électronique, (nom confidentiel) est l'une des plus importantes entreprises du groupe (nom confidentiel). Depuis sa création l'entreprise s'est recentrée sur les activités d'assemblage des cartes électroniques à façons CMS et conventionnelle, de bobinage, de câblage filaire, d'injection plastique et d'assemblage électromécanique. L'usine dispose de 5100 m^2 couvert entièrement. Son implantation apporte à ses clients de la proximité. La figure suivante présente une photo de la localisation l'entreprise.

Figure 1.3- Local de (nom confidentiel) [1]

La fiche technique de (nom confidentiel) se présente comme suit:

Tableau 1.1- La fiche technique de (nom confidentiel) [1]

Dénomination	(Nom confidentiel) TUNISIE
Raison sociale	(Nom confidentiel) TUNISIE
Entrée en production	2007
Chiffre d'affaires en DT	1 500 000
Exportations en DT	1 500 000
Importations en DT	120 000
Effectif total	267

I.3.1 La Stratégie et les métiers de (nom confidentiel)

L'organisation de l'entreprise se réfère aux normes et aux modèles industriels modernes. En effet, la société est certifiée ISO 9001 V 2008 par la TüV et ISO/TS 16949 V 2011.

La société dispose d'un bureau d'études en électronique spécialisé dans la recherche, le développement et l'intégration de systèmes. Elle dispose également d'un centre de formation intégré.

L'entreprise, caractérisée par sa flexibilité, réalise de petites et moyennes séries de cartes électroniques. Grace à la diversité de ses activités se manifestant dans l'assemblage le test et le contrôle qualité des PCBs, l'assemblage électromagnétique, l'injection plastique, le câblage filaire etc, (nom confidentiel) jouit d'un grand nombre de clients, répartis dans le monde et œuvrent dans divers domaines tels que l'automobile, l'électronique, l'aéronautique, l'industrie des téléviseurs, l'armement et l'industrie des matériels ferroviaires. Parmi ses clients, on compte APEX (Angleterre), Schneider (Espagne), SERSA (France), Altesys (Italie).

La figure 1.4 intitulée « Les métiers de (nom confidentiel) » illustre les différentes activités de l'entreprise.

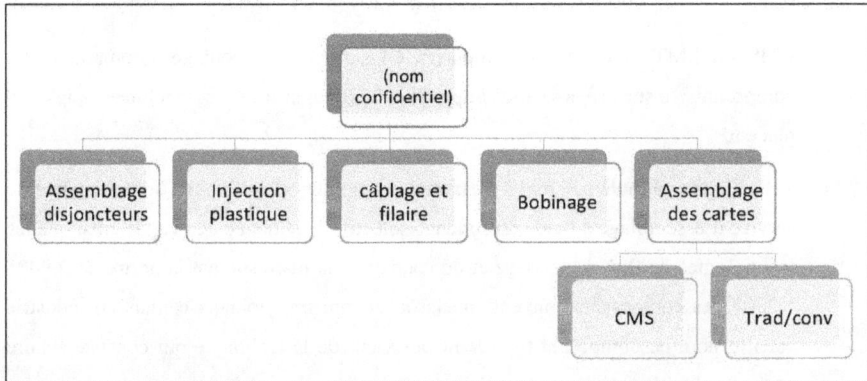

Figure 1.4- Les métiers de (nom confidentiel).

I.3.2 Organigramme de l'entreprise

L'organisation de (nom confidentiel) représenté dans la figure en annexe 1-1 reflète la politique d'engagement du groupe (nom confidentiel), aussi bien dans la favorisation de l'autonomie des services de qualité, de logistique et d'industrialisation que dans l'engagement d'un bureau d'études.

Ainsi, au regard de l'organigramme présenté en annexe 1, nous notons de prime abord une séparation de (nom confidentiel) par métier. Chaque service, compte un directeur, et en support, une équipe composée d'ingénieurs, de techniciens, de chef de projet, de contrôleurs, de superviseurs, et d'opérateurs.

Actuellement, (nom confidentiel) compte un service de qualité, un service commercial, un service industrialisation, un service logistique, un service gestion des ressources humaines, un service administratif et financier et un bureau d'études.

Le gérant, le cogérant, les responsables aussi bien que le personnel de chaque service, œuvrent en coopération contribuant à la croissance du groupe.

I.4 Problématique

I.4.1 Cadre du projet

(Nom confidentiel) œuvre dans l'assemblage des cartes électroniques des deux façons suivantes:

- CMS ou SMT: « composants montées en surface » : montage automatique des composants en surface des cartes imprimées PCB, en utilisant les machines « pick and place ».

- THA : « trough hole assembly » : montage complet et manuel en sous-traitance du service d'assemblage à l'aide du soudage sélectif, du soudage à la vague ainsi que les technologies de flux de soudage et du soudage à la main suivant la norme ISO 9001 V2008 des composants conventionnels ou encore traditionnels connus en industrie sous le nom de composant traversant qui vient de la technique qui consiste à faire passer les broches des composants à travers la carte électronique.

Ce présent projet s'est déroulé au sein de l'atelier conventionnel responsable du montage de cartes électroniques à façon THA.

I.4.2 Présentation de l'atelier

L'atelier conventionnel ou traditionnel se compose de douze zones. Chaque zone est mise sous contrôle d'un superviseur. L'atelier est soumis à l'ordre d'un contrôleur, quant à la qualité des produits ainsi que le taux de rebus, ils sont gérés par un contrôleur qualité. Les ordres de fabrication OF ainsi que les heures de production sont sous la responsabilité d'un ingénieur de production. L'équipe travaille sur un seul poste de 8h jusqu'à 16:30h pendant cinq jour par semaine.

I.4.2.a Le flux de production en conventionnel

L'implantation des composants obéit aux règles et contraintes de la filière mise en œuvre (mixte ou tout traversant). Il existe deux grandes filières à savoir :

- Montage tout traversant : composants traversant sur une face comme indiqué dans la figure ci-dessous.

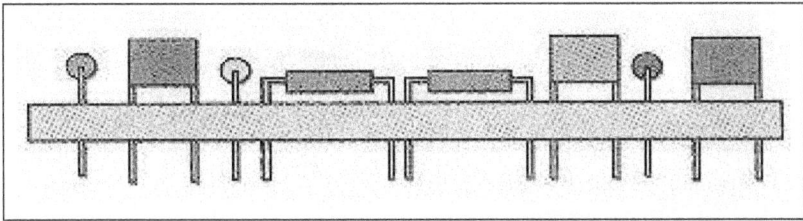

Figure 1.5- Le montage des cartes électroniques tout traversant [2].

- Montage mixte (CMS + Traversant) : Cette filière est caractérisée par l'implantation de composants CMS et de composants à insertion sur la même carte. Ce type de montage est présenté dans la figure ci-dessous.

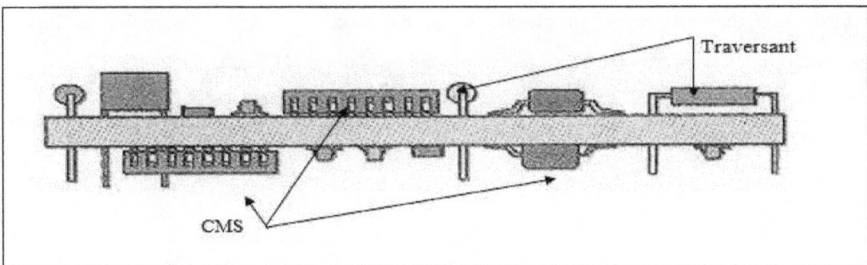

Figure 1.6- Montage mixte des cartes électroniques [2].

Elle présente plusieurs variantes :

- La filière aboutissant à une carte avec une face réservée aux composants à insertion, l'autre réservée à des CMS de petite taille qui se retrouvent coté soudure.

- La filière aboutissant à une carte simple face : CMS et composants à insertion se situent sur la même face.

- La filière aboutissant à une carte double face avec des composants à insertion et des CMS sur une des faces, l'autre étant occupée par des CMS de plus petite taille.

I.4.2.b Le processus de fabrication en conventionnel

Tout d'abord, il est important de souligner que la multitude de types de montage des cartes électroniques en petites à moyennes séries, ainsi que la différence de la demande de la clientèle compliquent beaucoup la modélisation de ce processus de production vu que chaque référence suit un routage qui peut être différent des autres.

Cependant, on peut présenter le plus long routage des cartes électroniques comme suit : Le flan (ensemble de cartes électroniques) passe, tout d'abord, par le préformage et la préparation, ensuite par les lignes d'assemblage, puis il subit la soudure à vague, par la suite le flan est découpé en cartes PCB, chaque carte passe par les postes de contrôle soudure et montage complémentaire, par la suite, elle passe au contrôle finale. Les cartes, ensuite, sont soumises à des tests. Les phases finales consistent à nettoyer, emballer, puis mettre en boitier les cartes.

Il est nécessaire de noter qu'il existe plusieurs références qui ne nécessitent pas certaines tâches du processus de production tels que : le découpage, le test, le nettoyage et le montage complémentaire et que chaque référence possède son propre temps de cycle à cause des différences des minutages en chaque tâche du processus. Afin d'assimiler le flux en conventionnel, nous avons élaboré le diagramme de choix de la figure ci-dessous.

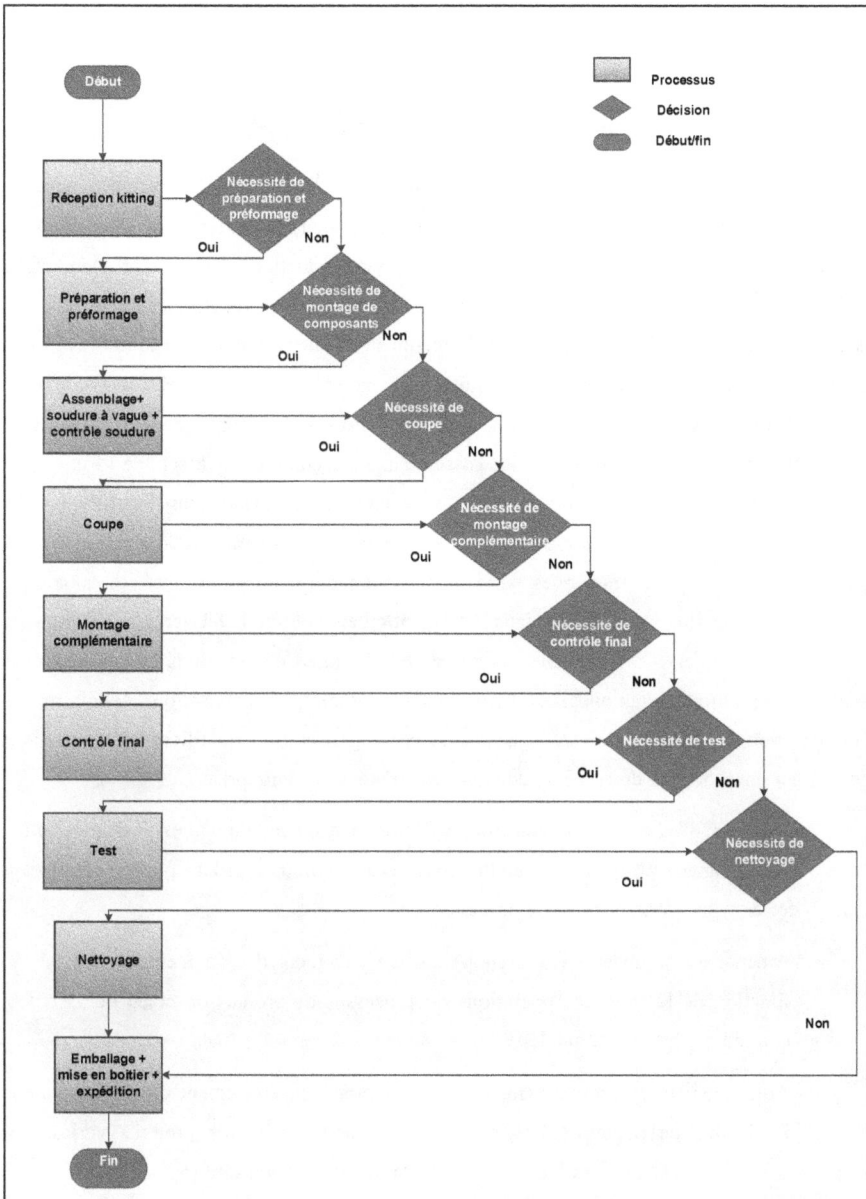

Figure 1.7- Diagramme de choix du flux en conventionnel

I.4.2.c Aménagement de l'atelier conventionnel

o **Présentation des différents types d'aménagement industriel**

Dépendamment de la nature de son secteur d'activité, de sa relation avec ses clients et de son organisation interne, chaque entreprise doit déterminer l'organisation de production qui convient le mieux à ses opérations. L'organisation de la production relève, essentiellement, de trois concepts principaux soit : la relation avec le client, le niveau de répétitivité et l'organisation des flux de production. La relation avec le client, qui sujette de la fragilité de l'équilibre existant entre l'offre et la demande, a connu une évolution spectaculaire pendant les dernières décennies. Dans un ordre chronologique, on est passé à travers quatre modes de production différents soit, la fabrication sur stock (make to stock), l'assemblage sur commande (assemble to order), la fabrication sur commande (make to order), et l'ingénierie sur commande (engineer to order). Le niveau de répétitivité évolue à son tour dans la production unitaire, la production en petites séries, la production en moyennes séries, et la production en grandes séries, alors que l'organisation des flux se manifeste dans la fabrication en continu, la fabrication discrète et la fabrication par projet. Il existe plusieurs types d'organisations de production. Les plus connues sont l'organisation fonctionnelle, l'organisation produit, l'organisation cellulaire, et l'organisation fixe. L'adoption de chacune de ces organisations, qualifiées d'organisations contemporaines, dépend du contexte de l'industrie où œuvre l'entreprise.

Ainsi, afin d'assimiler l'organisation ou l'ordonnancement du processus de production ainsi que l'implantation (layout) de l'atelier conventionnel, nous abordons plus en profondeur chacun de ces types d'organisation de production.

- Aménagement linéaire (flow shop) : L'aménagement des équipements est fait en fonction de la série des opérations du processus de production et du déplacement continu des produits d'un département à l'autre.

- Aménagement fonctionnel (job shop) : Ce type d'aménagement est utilisé pour la fabrication en petites quantités d'un plus grand nombre de produits variés. Les équipements et les installations servant à la même fonction sont regroupés.

- Aménagement fixe: L'aménagement fixe est utilisé pour réaliser un produit unique ou en petites quantités ou des produits qui sont eux-mêmes fixes.

- Aménagement cellulaire: On installe des cellules de fabrication (ou groupes de machines) où sont produites toutes les pièces qui ont assez de similitudes pour être considérées comme une famille.

Dans le tableau suivant nous allons présenter les avantages et les inconvénients de chaque type d'aménagement.

Tableau 1.2- les avantages et les inconvénients des différents types d'aménagements industriels

Type d'aménagement	Avantages	inconvénients
Aménagement linéaire	• Temps de passage réduit • Quantité d'encours (WIP) très faible • Flux linéaire et simple • Taux de productivité élevé • Très peu de manutention • Ne demandant pas une grande compétence des opérateurs (opérateurs spécialisés)	• Organisation très rigide • Pas ou peu de flexibilité concernant la réingénierie de produits et le routage des produits • Grande fiabilité des équipements exigée • Théorie du maillon le plus faible • l'opération la plus lente limite le taux de production
Aménagement fixe	• La production peut être faite par étape avec temps d'arrêt possibles • Permet de faire des activités simultanées	• Complication de la gestion des opérations car cela exige de la coordination et des techniques de gestion de projet

Aménagement cellulaire	• Simplification des activités de pilotage d'ordonnancement, de planification du processus.	• Nécessite une bonne connaissance du processus de production.
	• Réduction du temps de mise en route.	• long à implanter.
	• Réduction des stocks de produits en cours.	• Demande un système d'information adéquat.
	• Réduction des délais de fabrication et temps d'attente des pièces.	• Peut exiger des changements d'équipements.
Aménagement fonctionnel	• Grande flexibilité	• Complexité accrue des flux
	• Indépendance de	• Temps de passage de production des processeurs (lead time) élevé.
	• l'aménagement des processeurs à l'intérieur des centres par rapport aux routages	• Beaucoup de manutentions.
	• Taux d'utilisation des processeurs élevé	• Beaucoup de stocks tampons et
	• Forte spécialisation des équipements et du personnel aux niveaux des fonctions	• d'en-cours (WIP)
	• Polyvalence des opérateurs élevée aux niveaux des produits à l'intérieur de chaque centre	• Consommation exagérée en termes d'espace
		• Faible travail d'équipe à cause de la spécialisation des opérateurs à l'intérieur des centres
		• Coût de gestion de la matière l'intérieur de chaque centre

o **Aménagement des ressources au sein de l'atelier conventionnel chez (nom confidentiel)**

Les ressources au sein de l'atelier conventionnel sont aménagées actuellement selon l'organisation de production fonctionnelle qui convient le mieux au nature de production chez (nom confidentiel) notamment la production sur commande (make to order) en grande variété, petites à moyennes séries. On y trouve onze zones ou encore centres (sections). Chaque centre est responsable d'accomplir une ou plusieurs tâches bien déterminées dans le processus de production. Le tableau suivant récapitule les fonctions de chaque zone.

Tableau 1.3- Les différentes zones de production en conventionnel et leurs missions

Zone	Tâches
Zone de préparation et préformage	• Préparation et préformage des composants • Masquage à la crème des flans pour protéger un certain nombre de composants sensibles à la température et empêcher l'étain-plomb de se déposer sur certaines surfaces du circuit (trous métallisés, contact doré, plages de masse) lors du passage à la vague.
Lignes d'assemblage (deux lignes)	• Pose des composants sur le circuit imprimé.
Passage vague	• Soudure des composants à la vague à l'étain ou le plomb selon la demande du client.
Zone de coupe	• Couper les flans en des cartes électroniques.
Zone de contrôle soudure et montage complémentaire	• Contrôle de la soudure à la vague et montage des composants mécaniques non susceptibles d'être soudé à la vague
Zone de contrôle final	• Contrôle final de la soudure des composants THA et CMS
Zone de test et réparation	• Test des cartes électroniques sur des bancs d'essai • Réparation des cartes non fonctionnelles en test

Zone de nettoyage	• Nettoyage des cartes pour enlever tous les résidus de l'alliage d'étain-plomb sur les connexions des composants, les graisses, les poussières
Zone d'emballage	• Les emballages dans des sachets et sachets bulle antistatiques pour protéger les composants sensibles (Un emballage antistatique forme une cage de Faraday autour des produits et neutralise les charges électrostatiques)
Zone de mise en boitier	• Mise des cartes électroniques dans des cartons spécifiques à chaque type de cartes
Zone de vernissage	• Vernissage des circuits afin de les protéger contre les conditions difficiles tel que l'humidité, le brouillard salin, les produits chimiques et les températures élevées.

Remarque : La zone de vernissage est isolée pour des mesures de sécurité et ne fera pas partie de l'étude de la réorganisation.

I.4.2.d Contraintes de l'aménagement actuel

L'aménagement actuel des ressources au sein de l'atelier conventionnel chez (nom confidentiel) n'est pas sans contraintes. Certaines de ces contraintes feront l'objet des paragraphes qui suivent.

En effet, il existe des zones qui n'entrent pas dans le processus et qui n'ont aucune valeur ajoutée mais qui, cependant, consomment beaucoup d'espace telles que la zone de stockage des encours, la zone de stockage des testeurs, etc. De plus, il existe des zones non exploitées (vides) alors que d'autres zones sont très encombrées (assemblage, test).

o **Définition du problème général**

La multitude des clients et des projets de (nom confidentiel) a créé des problèmes de capacité rendant le secteur de câblage électronique conventionnel non capacitaire à comparer à la charge d'où l'obligation de passage au deuxième poste de production (heures supplémentaires). En outre, le secteur souffre d'une faible productivité, à cause des multiples cas de gaspillage.

De surcroît, l'atelier est désorganisé. Nous pouvons présenter le problème de désorganisation comme suit :

- La zone de nettoyage est située à proximité de la zone de préparation et préformage, très éloignée de la zone de test alors que presque 50% des références nécessitent un nettoyage après passage en test.

- Le flux n'est pas visible : il faut de l'effort de réflexion pour comprendre le flux.

- Le regroupement des postes de production rend la définition des inputs et des outputs de chaque poste assez difficile et se manifeste comme source de perte en rendement et en qualité du personnel.

Afin de simuler le problème de désorganisation, nous nous sommes référencié au plan de l'implantation actuelle de l'atelier conventionnel.

Remarque :

☐ La zone rouge : correspond à la zone de réparation ;

☐ La zone jaunes : correspond à la zone de stockage des produits finis.

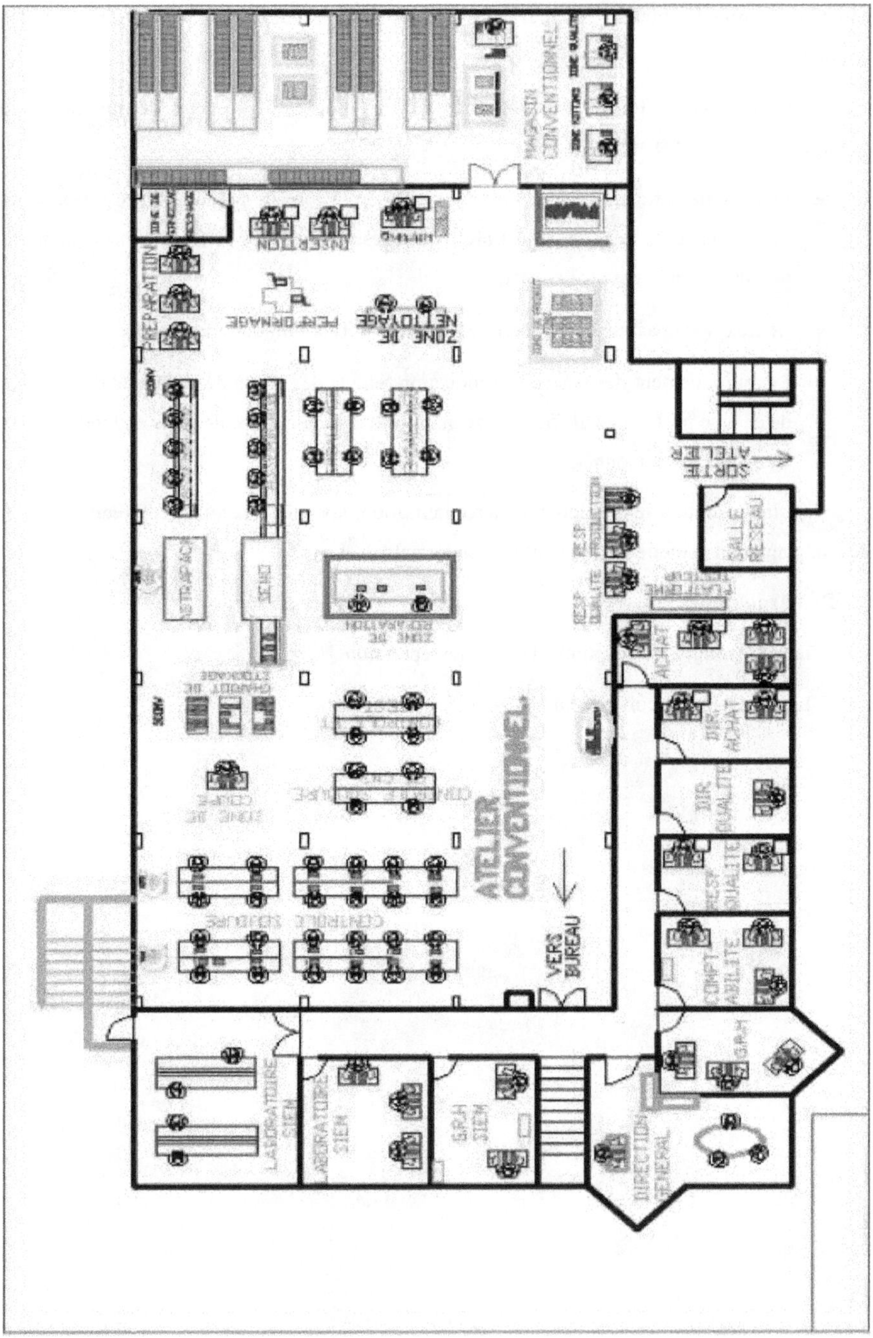
MAGASIN CONVENTIONNEL
INSERTION
PREPARATION
PERFORAGE
ZONE DE NETTOYAGE
SORTIE ATELIER
SALLE RESEAU
RESP PRODUCTION
RESP QUALITE
ZONE DE REPARATION
CHARIOT DE STOCKAGE
ACHAT
DIR. ACHAT
DIR. QUALITE
RESP QUALITE
COMPTABILITE
ATELIER CONVENTIONNEL
CONTROLE SOUDURE
ZONE DE COUPE
VERS BUREAU
G.R.H
LABORATOIRE SIEM
G.R.H SIEM
DIRECTION GENERAL

o **Exigences des parties prenantes**

Maintenant que nous connaissons le fonctionnement de la production et les problèmes qui en découlent, il convient de définir les parties prenantes de ce projet et leurs attentes et exigences. C'est une étape primordiale car elle permet de clarifier les relations entre toutes les parties et donc de lancer le projet sur des bases saines.

- Définition des parties prenantes

Les parties prenantes sont des personnes ou des groupes spécifiques qui ont un enjeu ou un intérêt dans l'issue du projet. Elles se divisent traditionnellement en 3 catégories : les intéressées, les impliquées et les potentiellement concernées. Parmi les parties prenantes intéressées, on peut évidemment noter l'organisme acquéreur qui est l'entreprise elle-même avec, comme représentant, le directeur industriel responsable du projet, qui sera aussi notre intermédiaire officiel. Mais il y a aussi la communauté d'opérateurs ainsi que le (ou les) directeur(s) de production pour qui la réorganisation de l'atelier conventionnel va probablement modifier beaucoup leur façon de travailler. Le représentant de cette communauté sera soit le responsable d'atelier, soit l'ingénieur responsable de production.

On y implique, bien évidemment le groupe (nom confidentiel). Il y a aussi des parties prenantes potentiellement concernées. Dans cette catégorie, nous pouvons y inclure les clients et les clients potentiels de (nom confidentiel).

- Exigences et attentes des parties prenantes pour le projet

Définir les exigences des parties est une opération qui doit être faite dès le début du projet. Nous avons alors réservé une plage horaire à cet effet lors de notre réunion avec le responsable du projet. Il en a résulté le tableau présenté ci-dessous.

33

Tableau 1.4- Attentes et exigences des parties prenantes relatives au projet de fin d'études

Période	Parties prenantes	Exigences et attentes
Projet de fin d'études	(nom confidentiel)	• Proposer une réorganisation permettant d'optimiser la productivité en tenant compte des conditions d'ergonomie et de sécurité du personnel. • Améliorer la productivité afin de se dépasser du problème des heures supplémentaires. • Prendre en considération l'implantation de deux machines automatisées d'insertion de composants présentées dans l'annexe 1.
	Clients potentiel	• Une extension du magasin • Un espace pour une opération de test in-situ (annexe1)
	Opérateurs et responsables de l'atelier	• Améliorer les conditions de travail • Se dépasser du deuxième poste (heures supplémentaires)

I.4.3 Cahier des charges

Après avoir présenté le problème et les exigences des parties prenantes on se propose dans cette partie de dégager le cahier des charges.

En effet ce projet a pour objectif de proposer une nouvelle organisation de l'atelier conventionnel de la société (nom confidentiel) qui permettrais de :

1. Réduire les distances entre les centres de production et optimiser l'occupation en espaces.

2. Tenir compte des exigences des parties prenantes.

3. Réduire le temps improductif des équipements.

4. Tenir compte de l'ergonomie des postes et l'efficacité de production.

5. Emplacement de l'équipement: réduire les temps de déplacement.

I.5 Conclusion

Au niveau de ce chapitre, nous avons élaboré une vision globale du cadre et de la problématique du présent projet. Le cahier des charges proposé à la fin pourra nous guider vers les points d'une étude approfondie de la situation.

Chapitre II

Etats des lieux et état de l'art

Mots clés : capacité, rendement, TRS, méthodes heuristiques, recherche opérationnelle

Chapitre II

Etats des lieux et état de l'art

II.1 Introduction

En industrie, l'implantation (layout) ou la réimplantation des ressources fait appel à des méthodes et outils scientifiques aussi bien qualitatifs que quantitatifs depuis les méthodes heuristiques jusqu'aux méthodes algorithmiques. Ainsi, au cours de ce chapitre, après avoir élaboré une analyse profonde du problème de l'atelier conventionnel chez (nom confidentiel), nous étudions ces différentes méthodes afin de choisir celle qui convient le mieux pour la mise en place d'une nouvelle implantation.

II.2 Etat des lieux

Afin de mieux comprendre la situation actuelle de l'atelier nous avons opté pour un diagnostic de l'état actuel.

En effet, nous avons eu l'occasion de passer un certain temps dans l'atelier conventionnel auprès des opérateurs et de leur outil de travail. Tout en étant en immersion totale dans leur univers de travail, notre regard extérieur a permis de pouvoir assimiler de plus près les problèmes que nous avons signalé dans le premier chapitre. Ces problèmes sont pour la plupart connus par l'entreprise, mais on se devait de les analyser.

Tout d'abord, il est important de souligner que la cartographie de la chaîne de valeur ou encore la méthode VSM qui consiste à visualiser avec précision le processus actuel de production est difficile à gérer, vu, la multitude des références des cartes électroniques et le décalage assez important entre les temps de production de chacune d'entre elles et que l'entreprise ne travaille pas sur un nombre répétitif d'articles ou de références.

Afin d'analyser les problèmes au sein de l'atelier conventionnel, nous avons eu recours aux méthodes d'analyses de gaspillage ainsi qu'au diagramme Ishikawa qui montre les causes principales.

II.2.1 Analyse des mudas

II.2.1.a Définition des mudas

L'inefficacité des processus est, en grande partie, reliée à des activités qui consomment du temps et des ressources sans ajouter de valeur aux produits ou services. Ces activités sans valeur ajoutée sont du gaspillage (muda en japonais). La méthode d'identification des gaspillages, créée par Toyota, consiste à analyser systématiquement les processus pour repérer les activités qui sont sources de gaspillage. Celles-ci sont classées en sept catégories:

- Surproduction

- Stocks

- Produits défectueux

- Mouvements

- Procédés inefficaces

- Temps d'attente

- Transport

La connaissance des sources et des symptômes est le point de départ de l'élimination du gaspillage. Par contre, seule l'identification des causes réelles pourra conduire l'entreprise à des actions correctives efficaces.

La société travaille sur commande donc il ne pourra pas y avoir des cas de surproduction ni de stockage en grande quantité. De plus, comme l'étude des produits défectueux est un sujet qualité ces mudas ne feront pas partie de cette analyse.

II.2.1.b Analyse des mudas au sein de l'atelier conventionnel

L'analyse muda est présentée dans le tableau ci-dessous.

Remarque: Toutes les données citées ci-dessous sont chronométrées à plusieurs reprises et présentées comme une moyenne de tous les chronométrages obtenus.

Le tableau ci-dessous résume les différents types de gaspillage survenus à l'atelier conventionnel.

Tableau 2.1- Analyse des mudas de l'atelier conventionnel

Type du gaspillage	Gaspillages dans l'atelier
Temps d'attente	• Les temps d'attente du changement de séries devant les lignes d'assemblage afin de préparer les cartes et accrocher les box des kits (composants) sur les panneaux de support box et de changer les fiches du mode opératoire pouvant atteindre les 20 minutes. • Les temps d'attente devant les postes d'assemblage et de contrôle et montage complémentaire de l'ordre de 1à 2 minutes pour recharger les box de kits vidés. • Devant les postes d'emballage il y a souvent des temps d'attente pouvant dépasser l'heure à cause du retard devant les postes antérieurs notamment les postes de contrôle final et les postes de test.
Transport et mouvement	• Un temps estimé à 12 secondes pour le déplacement d'un seul chariot depuis la zone de stockage des encours vers la zone de contrôle soudure et montage complémentaire. • Les chariots, après contrôle soudure et montage complémentaire sont déplacés de nouveaux vers la même zone de stockage des en-cours ce qui consomme de même 12 secondes pour le déplacement de chaque chariot. • Un temps estimé à 29 secondes pour déplacer les chariots depuis la zone de test vers la zone de nettoyage pour les références nécessitant une opération de nettoyage (environ 50% de la totalité des références).

Mouvements inutiles	-Le vagueur (l'opérateur chargé des opérations de soudure à vague) se déplace lui-même vers les postes finals d'assemblage (contrôle) pour récupérer les flans et les placer dans les cadres vagues.

II.2.1.c Autres remarques concernant les activités dans l'atelier

- La transmission d'informations de manque de kits se fait verbalement.

- Les opérateurs sont fréquemment interrompus par leurs collègues au milieu de leurs tâches qui nécessitent souvent un certain degré de concentration.

- L'accès à l'atelier est libre.

- La répartition des tâches se fait chaque matin par le responsable de l'atelier. les délais demandés aux opérateurs sont le plus souvent « le plus vite possible ».

- On note un comportement récurrent qui est le non rangement des outils pour les opérations de contrôle soudure et montage complémentaire ainsi que pour les opérations de contrôle final. Ceci conduit à une perte de temps considérable.

- Absence de planification d'opérations de nettoyage. Cela se fait de façon aléatoire et seulement dans les endroits les plus accessibles.

II.2.2 Le diagramme d'Ishikawa

II.2.2.a Présentation

Le diagramme d'Ishikawa ou le diagramme de causes-effet, également connu sous le nom de diagramme a arêtes de poisson est un outil utilisé pour la présentation par famille de toutes les causes possibles d'un problème sous forme graphique. La réalisation du diagramme d'Ishikawa se fait généralement par un groupe de travail pluridisciplinaire afin d'apporter des points de vue complémentaires et d'affiner l'identification des causes (BACHELET R, [2011]).

L'élaboration du digramme suit la méthodologie suivante :

- Etape 1 : identifier le problème en termes d'effet.

- Etape 2 : lister les causes (à mettre en œuvre avec la méthode des 5 pourquoi ou la méthode QQOQCCP).

- Etape 3 : tracer l'arête de poisson.

- Etape 4 : faire le tri, regrouper les causes équivalentes, supprimer les « solutions déguisées » ou fausses causes, ex : le manque de maintenance est une solution déguisée en cause : la vraie cause étant entretien insuffisant.

- Etape 5 : classer les causes suivant les 5 M : méthode - milieu - machine - main d'œuvre matières premières,

- Etape 6 : tracer le diagramme (arête de poisson).

La figure 2.1 montre un exemple d'application di diagramme d'Ishikawa.

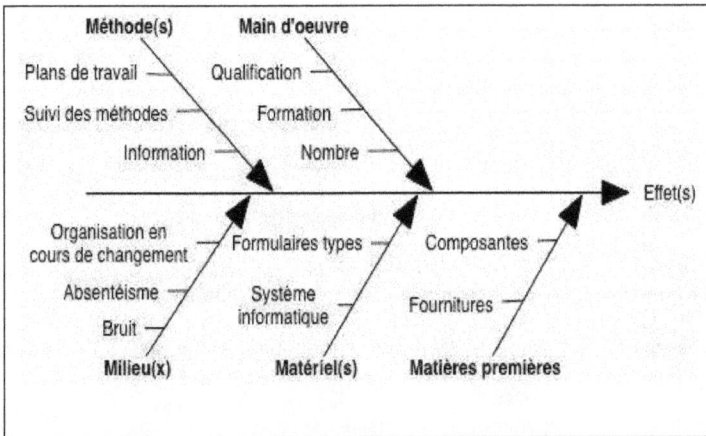

Figure 2.1- Exemple d'un diagramme d'Ishikawa [3]

II.2.2.b Diagramme Ishikawa de l'atelier conventionnel

Le diagnostic de l'atelier conventionnel a dévoilé un gaspillage énorme. Dans le but d'identifier les causes principales de ce gaspillage, nous avons posé les 6 questions Quoi ? Qui ? Où ? Quand ? Comment ? Pourquoi ? Dans 5 volets dites 5M : Méthodes, Matière, Machine, Main d'œuvre, Milieu.

o **Méthodes :**

- 5S non respectés : Désordre dans l'emplacement des machines, des outils, des MPs, des WIPs (encours), des chariots, des corbeilles, de stock, …

- Quantité de rebus non maitrisée.

- Pas des règles détectant les sources de gaspillage : Pas d'optimisation de la disposition de l'équipement et du personnel pour utiliser au mieux l'espace et améliorer la productivité.

- Mauvaise implantation : Pas d'enchainement dans les opérations, les tables sont placées de façon regroupée et un chariot des produits semi-finis circule entre elles.

- Aucune mesure de sécurité n'est claire.

o **Matière**

- Espace énorme pour le stockage inutile.

o **Main d'œuvre**

- Mauvaises habitudes de travail : Communication hors sujet entre les opératrices. Ces communications peuvent diminuer de 3 à 5% le rendement des opératrices. (Une comparaison avec les postes de l'atelier CMS a été faite)

- Plusieurs gestes inutiles : Le fait de déplacer les outils (rouleau d'étain, pince coupante, forceps, brosse de nettoyage….) en dessus des feuilles de contrôle de rendement et des feuilles du mode opératoire est un gaspillage.

- Pas d'opérateurs polyvalents pour réduire les attentes inutiles.

- Beaucoup de déplacement entre les postes : Plusieurs tâches inutiles.

o **Machine**

- La vague est mal placée. Elle se situe loin d'une ligne d'assemblage.

o **Milieu**

- Les clients ne demandent pas toujours les mêmes quantités et exigent des délais de livraison trop courts (hebdomadaires).

Le digramme d'Ishikawa établit pour l'atelier conventionnel figure dans le schéma suivant intitulé « Diagramme d'Ishikawa en conventionnel ».

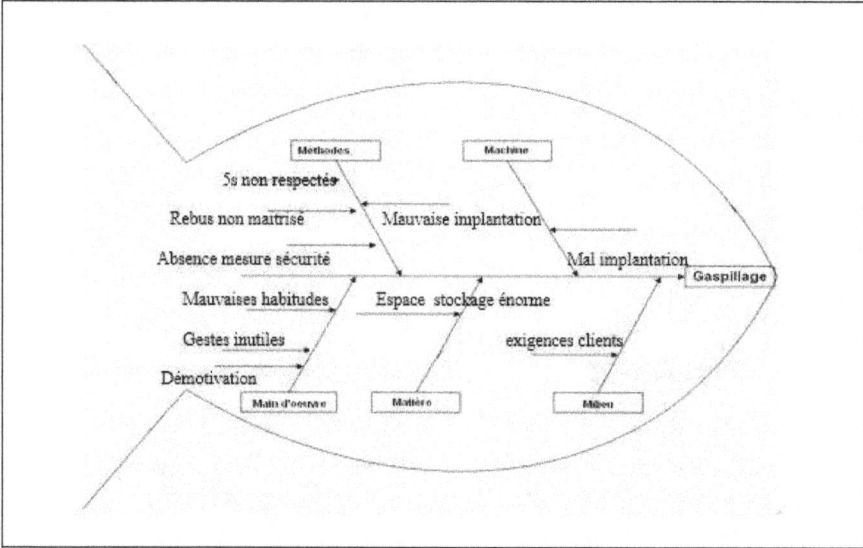

Figure 2.2- Diagramme d'Ishikawa du conventionnel

On sélectionne, après analyse, les causes en rapport avec notre projet, notamment celles liées à la mauvaise implantation.

Remarque : Les trois causes de gaspillages : Mauvaise implantation, stock encours important et mauvaises habitudes de travail, sont liées entre elles.

Une amélioration de l'implantation réduit certainement le volume des en-cours et réduit les gestes inutiles des employés.

II.2.3 Analyse de la capacité du secteur conventionnel

Les quantités importantes de demande des clients ont créé des problèmes de capacité à l'atelier conventionnel et exigent désormais, une certaine flexibilité vu la variété des quantités de séries demandées.

La semaine onze a connu la plus grande cadence de production et les plus grands retards de livraison des demandes ce qui a nécessité un passage au deuxième poste de production (de 14h à 22h). C'est pour cette raison qu'on limitera les analyses aux résultats des semaines onze, douze et treize.

Afin de collecter les données nécessaires, nous avons passé un certain temps au bureau du planificateur. Ces données sont présentées dans l'annexe 2.

II.2.3.a Diagramme de capacité/charge

Nous avons élaboré ce diagramme, afin de faciliter au lecteur la compréhension des données présentées dans les tableaux en annexe 2. Le diagramme présente sur un même repère la capacité et la charge pendant chaque semaine en charge horaire de production telle que :

Charge horaire totale de production pendant une semaine = somme des charges horaires pendant une semaine des différentes références = somme (quantité à produire en une semaine pour une référence × temps cyclique Tc de chaque référence (en min)/60).

Avec : temps cyclique Tc : temps durant lequel le produit séjourne à chacun des postes au long du processus. Le diagramme obtenu est présenté dans la figure ci-dessous.

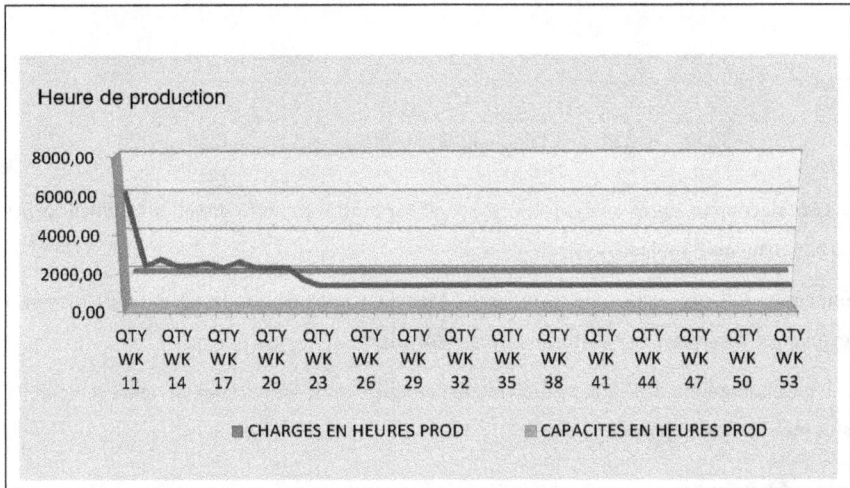

Figure 2.3- Diagramme de capacité/charge

Comme indiqué sur la courbe, pendant les semaines onze, douze et treize la charge dépasse énormément la capacité du secteur. Ce cas est susceptible de se reproduire plusieurs fois vu le volume des projets potentiels de (nom confidentiel).

II.2.3.b Ecart de minutage facturé/minutage réalisé

Un problème très fréquent en conventionnel, est celui de l'écart entre le minutage facturé et celui réalisé. En effet, la société vend ses produits au moyen de minutage. C'est pour cette raison qu'elle facture l'heure de à raison de six euros pour l'heure.

Cependant, la non maîtrise du flux de production et des temps gaspillés en production ont créé un grand décalage entre les heures facturés et les heures réalisées.

Les données collectées nous ont permis de tracer le diagramme d'écart suivant. Nous présentons dans l'annexe 2 quelques exemples de ces écarts.

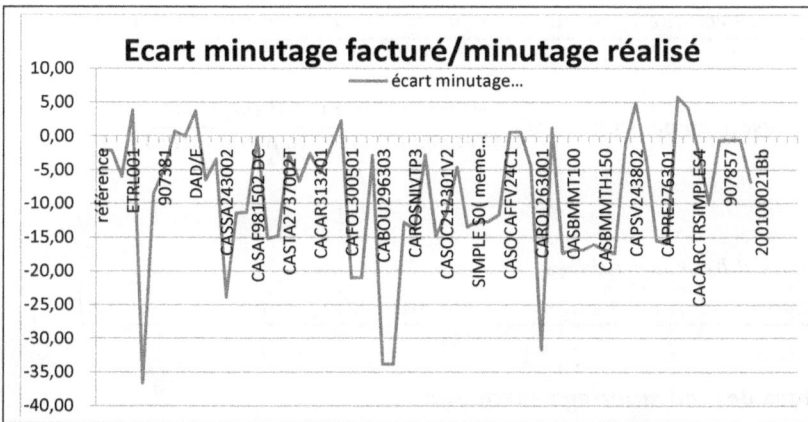

Figure 2.4- Ecart entre le minutage réalisé et le minutage facturé en conventionnel

Comme nous pouvons le remarquer, la plus part des références ont un écart négatif entre le minutage réalisé et celui facturé pouvant même dépasser les 35 minutes, ce qui se traduit par une importante perte en chiffre d'affaires pour l'entreprise.

II.2.3.c Analyse du rendement pendant la semaine onze

Nous avons remarqué que le planificateur prend en compte seulement le temps cyclique Tc et néglige ce que n'est pas négligeable, notamment, les temps perdus en manutention et les temps d'attentes.

En effet le temps total d'opération Tto = Tc + temps perdus en manutention + temps d'attente.

Pour un aménagement idéal il faut que Tto =Tc. Hors ce n'est pas le cas pour l'aménagement actuel de l'atelier conventionnel. Ce décalage entre le temps total d'opération Tto et le temps cyclique Tc a fortement influencé le taux de productivité.

Nous avons élaboré, d'après les données fournies (annexe 2), une analyse du rendement du secteur conventionnel au cours de la semaine onze.

Nous commençons, tout d'abord, par introduire les informations nécessaires pour l'analyse.

Nombre d'heures palnifié

$$= \frac{Temps\ cyclique\ T_c\ (minutes) * quantité\ de\ références\ planifiées\ plan}{60} \quad (2.1)$$

$$Besoin\ en\ personnels = \frac{Nombre\ d'heures planifiées}{8\ (heures\ théoriques\ productives} \quad (2.2)$$

Nombre d'heures réalisées

$$= \frac{Temps\ cyclique\ T_c\ (minutes) \times quantité\ de\ référence\ rélisées\ REAL}{60} \quad (2.3)$$

taux de réalisation en pourcentage

$$= \frac{nombre\ d'heures\ réalisées}{nombre\ d'heures\ planifiées} \times 100 \quad (2.4)$$

$$résence\ en\ heures = Présence\ en\ personnels \times 8 \quad (2.5)$$

rendement du secteur en pourcentage

$$= \frac{nombre\ d'heures\ réalisées}{Présence\ en\ heures} \times 100 \quad (2.6)$$

Avec : Présence en personnels : nombre d'opérateurs présents

Le tableau ci-dessous présente l'analyse du rendement quotidien du secteur au cours de la semaine onze.

46

Tableau 2.2- Rendement du secteur conventionnel de la semaine onze

	Lundi	Mardi	Mercredi	Jeudi
Nombre d'heures planifiées	314.44	305.56	359.24	673.64
Besoin en personnels	39	38	45	84
Nombre d'heures réalisées	162.33	164.69	243.74	10.33
Taux de réalisation	51.63%	53.90%	67.85%	1.53%
Présence en personnels	44	50	50	50
Présence en heures	352.00	400.00	400.00	400.00
Rendement du secteur	46.12%	41.17%	60.94%	2.58%

Nous devons indiquer tout d'abord que pendant le jeudi et le vendredi l'atelier a subit des problèmes à cause du manque en matière première notamment les composants (kits) ce qui a aggravé la situation. Pour cette raison, nous allons nous limiter à l'analyse des trois premiers jours. Pendant ces jours, le rendement n'a pas dépassé les niveaux moyens et il reste toujours loin des espérances de la société et de ses perspectives visant à obtenir un rendement maximum.

Cette semaine a noté les niveaux de rendement les plus bas en conventionnel.

Le temps qu'on a passé à l'atelier pendant la semaine onze nous amène à conclure que les temps perdus en manutention et en attente sont très importants.

En effet, les heures perdues en manutention seulement sont estimées à cinq heures pendant une semaine.

Nous avons aussi noté que les goulots d'étranglement sont principalement les lignes d'assemblage qui peuvent retarder tout le processus. Pour cette raison nous avons décidé d'estimer le temps cyclique pour ces lignes. Comme, Pour une fabrication en ligne de production sans encours intermédiaire, le poste ayant le temps de cycle le plus long est le poste goulet (Tc ligne = Tc poste goulet), nous avons chronométré à plusieurs reprises et pour les deux postes d'assemblage œuvrant sur plusieurs références le Tc du poste goulet puis nous avons calculé une moyenne entre les temps obtenues. L'estimation était de 6.63 minutes (0.1105heure). Ensuite nous avons estimé le besoin en personnels ou encore en postes de production sur les lignes d'assemblage bloquant la production.

Remarque importante : Le temps de cycle Tc du poste goulet est très variable selon la référence. L'estimation qui a été faite concerne seulement la semaine onze, mais cette estimation ne peut pas être la même sur le moyen ou le long terme.

Pour le calcul du besoin en personnel nous nous sommes référenciés à ces formules et calculs :

Charge horaire = Tc × quantité demandée pendant la semaine (la quantité demandée est supérieure à celle planifiée car le planificateur estime les quantités à produire d'après la capacité de l'atelier) (annexe 2).

Charge horaire= $0.1105 \times 20137 = 2225.13$

Besoin en personnel = arrondi [charge horaire/8 × 5 (heures théoriques productives hebdomadaires)]

Besoin en personnels = arrondi [2225.13/40] = 56

Cependant les postes d'assemblages actuelles sont au nombre de 10 réparties comme suit :

4 postes de montage des composants pour chaque ligne.

1 poste de contrôle pour chaque ligne.

Nous avons, alors, pensé à augmenter le nombre de lignes de production. Cependant nous nous trouvions confronter à une contrainte celle de la capacité de la machine à vague. Alors, nous avons calculé le taux de rendement synthétique de la machine à vague pendant la semaine onze qui présente la plus grande cadence de production.

II.2.3.d Le Taux de Rendement Synthétique de la machine à vague

o **Présentation de la machine à vague**

Une machine de soudure à la vague comprend un convoyeur à doigts ou à chariots chargé de transporter les cartes électroniques successivement dans les zones bien distinctes de fluxage, de préchauffage, de brasure et de refroidissement avant d'en être déchargé. Au cours du brasage, un bain de brasure en fusion est amené au contact de la carte et de ses composants préalablement collés. Le principe de fonctionnement de la machine à vague peut être illustré par la figure suivante :

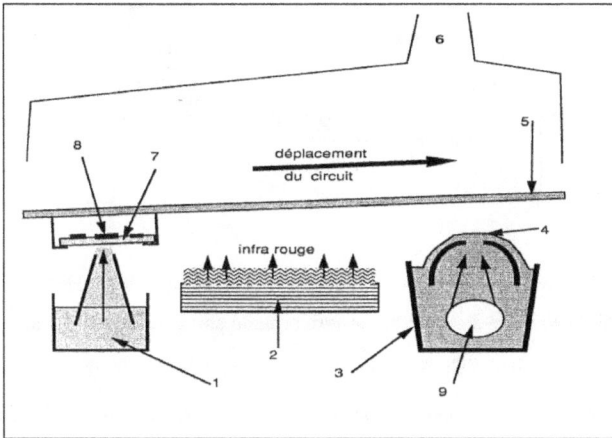

Figure 2.5- Principe de fonctionnement de la machine à braser à vague [2]

1 Bac de fluxage ; 2 Elément de préchauffage ; 3 Bac de brasure en fusion ; 4 Vague de brasure ; 5 Convoyeur ; 6 Evacuation des fumées ; 7 Circuit imprimé câblé ; 8 Composant ;   9 Turbine.

(Nom confidentiel) possède deux machines de soudure l'une est à l'étain et à convoyeur à chariot acquise en février 2006 de marque SEHO conforme aux normes de soudure sans plomb et l'autre œuvre avec le plomb mais elle est actuellement non exploitée. Nous présentons dans la figure suivante la machine à vague sans plomb de l'atelier conventionnel chez (nom confidentiel).

Figure2.6- Machine de soudure à vague en conventionnel [1]

La machine de soudure à vague est programmable suivant le type de carte électronique. Dans l'annexe 2 nous présentons les six programmes utilisés chez (nom confidentiel).

Théoriquement la machine peut souder un flan chaque 12 secondes (0.00333 heure) mais vu le changement du programme on ne peut faire entrer un flan d'une nouvelle série qu'après la sortie du flan de l'ancienne série de la vague même si le changement de programme ne prend que quelques secondes vu que les différents programmes sont prédéfinis sur la partie commande de la vague et que le vagueur n'a qu'à sélectionner le programme.

En conventionnel, on travaille en séries, cependant, chaque ligne œuvre sur une série différente de l'autre et le vagueur change de programme à chaque reprise comme il travaille simultanément et en alternatif sur les deux lignes. Pour cette raison lors de nos calculs du taux de rendement synthétique nous allons considérer le temps total d'opération de soudure Ttos qui s'élève à 51 secondes (0.01416 heure).

o **Définition du Taux de Rendement Synthétique TRS**

Le Taux de Rendement Synthétique (ou TRS) est un indicateur destiné à suivre le taux d'utilisation de machines. Le Taux de rendement global est défini par le TRS multiplié par le taux de charge (temps de travail sur temps d'ouverture de l'atelier).

Il est défini par la formule :

TRS = Temps utile / Temps employé

Le temps utile étant le temps où la machine produit des pièces bonnes à sa cadence normale (nombre de pièces bonnes × temps de cycle en sec de la machine). C'est une mesure de l'efficacité d'une ligne de production.

Le TRS décompose et met en évidence les pertes de production en différentes catégories sur lesquelles un plan d'action est mis en place.

Ainsi, on retrouve trois taux dans le calcul théorique du TRS :

- Le taux de disponibilité (influencé par les pannes et les changements d'outils).

- Le taux de performance (influencé par les micro-arrêts et les baisses de cadences).

- Le taux de qualité (influencé par les défauts et les pertes aux redémarrages).

Le TRS correspond à la multiplication de ces trois taux. Chacun des trois taux étant compris entre 0 et 100 %, le TRS doit donc être compris entre 0 et 100 %. Plus un indice de TRS est proche de 100 %, meilleure est l'efficacité de la machine.

Pratiquement, le TRS est souvent calculé comme le rapport entre le nombre de pièces bonnes produites pendant une certaine période et le nombre de pièces théoriquement produites durant la même période.

o **Le Taux de Rendement Synthétique TRS de la machine à vague de l'atelier**

Afin de calculer le Taux de Rendement Synthétique nous allons nous référencier à la définition pratique, vu les limitations de calcul du taux de disponibilité et du taux de qualité ; en effet ces taux sont trop variables et non maitrisés par la société.

Nous avons travaillé pendant trois jours à raison de deux heures chaque jour afin de déterminer le nombre de pièces réellement produites par la machine Npr.

Afin de calculer le nombre de pièces théoriquement produites pendant deux heures, nous avons élaboré la formule suivante :

Nombre de pièces théoriquement produites pendant deux heures Nth = 2 (deux heures)/Ttos.

Nombre de pièces réellement produites pendant deux heures Nth = 2/0,01416=141.

Le calcul du Taux de Rendement Synthétique TRS en pourcentage pendant ces trois jours est donné par la formule suivante :

$$TRS(\%) = \frac{\text{Npr}}{\text{Nth}} \times 100 \qquad (2.6)$$

Le nombre de pièces bonnes produites en deux heures pendant les trois jours sont illustrés dans le tableau suivant nommée « Calcul du taux de rendement synthétique pendant trois jours ».

Tableau 2.3- Calcul du taux de rendement synthétique pendant trois jours

	1er jour	2ème jour	3ème jour
Le nombre de bonnes pièces produites en deux heures Npr	50	56	54
TRS(%)	35.46%	39.71%	38.29%

Le calcul du taux de rendement synthétique TRS montre que le niveau de productivité est trop faible. Ce niveau est probablement dû au retard sur les lignes d'assemblage et les temps perdus par la récupération des flans sur chaque ligne. Ces résultats renforcent le recours vers l'augmentation du nombre de lignes d'assemblage.

L'estimation du taux de rendement synthétique et le besoin en personnels nous amènent intuitivement à penser à tripler le nombre de lignes d'assemblage de deux à six lignes. Toutefois, nous nous trouvons confrontés à une autre contrainte, notamment l'implantation des lignes dans l'atelier et les questions qui sont tout de suite provoquées concernent le taux d'occupation en espace, le besoin en espace et la manière à aménager les six lignes.

Tous ces problèmes nous conduits à conclure que l'atelier conventionnel a besoin de subir des changements au niveau de son organisation et des implantations de ces ressources.

L'une des premières choses à faire quand on a bien cerné le problème et compris les enjeux est l'étude de l'état de l'art.

II.3 Etat de l'art

II.3.1 Recherche bibliographique sur les méthodes d'aménagement industrie

De nombreux articles traitent des recherches entreprises dans le domaine de l'ordonnancement des ateliers et de l'aménagement des espaces dans différents secteurs d'activité, cependant les portées de ces recherches restent générales, et les théories énoncées s'appliquent à tous types de secteurs du moment que la modélisation du problème mathématiquement reste la même.

La disposition spatiale des machines et l'une des plus importantes et des plus complexes parties du processus d'aménagement des ateliers. Afin de concevoir un aménagement qui répond au mieux aux exigences de l'entreprise, le concepteur doit prendre le temps de bien étudier les spécificités de l'entreprise, du lieu de l'implantation, des machines et des liens qui existent entre l'espace de travail et les machines ou les postes de travail ainsi que celles qui les séparent. La complexité combinatoire des problèmes d'aménagement de machines ou des postes de travail dans les ateliers rend presque impossible l'énumération de toutes les configurations possibles existantes d'une façon manuelle, notamment avec l'augmentation du nombre d'unités (machines et postes). Les ordinateurs apparaissent comme une solution évidente à cette problématique. Ils permettent d'énumérer l'ensemble des configurations optimisées répondant aux contraintes de conception. Plusieurs solutions (programmes et algorithmes) ont été proposées pour tendre vers l'optimum d'un aménagement en respectant les contraintes et les objectifs.

En 1965, Thomas Anderson, étudiant en génie civil à l'université de Washington a proposé une solution d'aménagement appliquée à l'architecture du bâtiment. Ce programme appelé SLAP1, identifie les activités, les unes par rapport aux autres, dans le but de minimiser le coût de déplacement entre les chambres. On peut aisément faire le parallèle entre l'architecture et l'industrie. La disposition des chambres devient celle des machines, la minimisation ou la maximisation des espaces, des flux de personnes, des déplacements, des couloirs, ... devient celle des employés dans l'atelier, des espaces de rangement, de déplacement. (Thomas Anderson, [1965]).

Suite à cela, plusieurs autres étudiants et chercheurs ont proposé différents algorithmes avec différentes approches. Avant de catégoriser les différentes approches présentes et étudiées jusqu'ici, on doit mentionner que toutes ces approches commencent par associer des pondérations numériques à l'ensemble des contraintes existantes. Fondamentalement, il y a deux types de contraintes:

- Contraintes dimensionnelles (surface, longueur, orientation).

- Contraintes topologiques (adjacences entre les machines).

o **Approche n° 1**

A été défendue par Maver (Maver, [1970]). Il est énoncé que l'intelligence (créativité) humaine est supérieure à l'intelligence artificielle dans la résolution de problèmes réels sous certaines conditions. Cette approche fut représentée par Th'ng et Davies (Th'ng, [1975]), entreprise par Gentles et Gardner (Gentles et Gardner, 1978). Cross (Cross, [1977]) a proposé des contre-exemples qui permettent au concepteur d'augmenter le nombre de solutions. Une multiplication par dix du nombre des solutions a été apportée (Mayer, [1979]). Cependant, et malgré tous ces efforts, les solutions optimales sont toujours générées intuitivement, et le caractère aléatoire dans les problèmes d'aménagement subsiste au niveau de la prise de décision.

o **Approche n° 2**

Suggérée dans le contexte de la théorie des graphes par Krof (Krof, [1977]) et développée par Ruch (Ruch, [1978]) pour la génération de diagrammes-bulles plans. De telles méthodes ont tendances à produire plus de solutions que l'approche précédente, mais l'aménagement devient moins systématique que les choix classiques du concepteur.

o **Approche n° 3**

Présentée par Weinzapfel et Handel (Weinzapfel, [1975]), Pferfferkorn (Pfefferkorn, [1975]) et Willey (Willey, [1978]). Eastman a illustré l'utilisation de son General Space Planner (Eastman, [1971]), méthode appartenant à la catégorie des techniques purement heuristiques.

o **Approche n°4**

Introduite par Grason (Grason, [1968]) qui génère des plans associés à des graphes duals représentants au moins une adjacences (contraintes) requise (nœuds) entre les unités (arêtes).Selon Steadman (Steadman, (1976)), l'approche de Grason échoue si le nombre d'unités est supérieur à cinq. Après cela, Mitchell, Steadman et Liggett (Mitchell, [1976]), ont implémenté une méthode exhaustive pour la résolution de problèmes qui sont posées selon les contraintes de dimensions d'adjacences. Cette méthode nécessite cependant une étape finale d'optimisation (c'est à dire que le programme ne donne pas directement le résultat définitif). Afin de résoudre un problème à n-unités, leur programme recherche les partitions topologiques possibles, c'est à dire des ensembles de petits rectangles ne se chevauchant pas et ayant des dimensions à priori inconnues. Pour chaque partition satisfaisant à la contrainte d'adjacence, un ensemble de combinaisons des dimensions de cette partition est alors recherché.

Flemming (Flemming, [1978]), décrit une autre méthode en deux étapes qui elle aussi satisfait les contraintes de dimension et d'adjacence. Cette méthode combine une génération exhaustive pour différentes classes de solutions topologiques équivalentes et un algorithme linéaire pour l'obtention de la meilleure configuration de chaque classe. Les contraintes linéaires comprennent des contraintes de dimension spécifiques aux classes satisfaisantes aux contraintes d'adjacence, ainsi que les approximations linéaires des contraintes de dimensions fixées par l'utilisateur. Flemming présente un exemple de conception réel, avec neuf chambres.

o **Approche n° 5**

Cette approche est issue du domaine de la recherche opérationnelle. Armour et Buffa (Armour, [1963]), Whitehead et Eldars (Whitehead, [1963]), Gravett et Playter (Gravett, [1966]), Seehof (Seehof, [1966]), ont décrit différentes méthodes pour la génération d'aménagements en minimisant les flux internes, Krejcirik (Krejcirik, [1969]) considérait aussi la minimisation de l'espace. Brotchie et Linzey (Brotchie, [1971]) ont développé une méthode efficace décrivant les flux des personnes, charges, etc. Certaines de ces techniques ont été développées par Cinar (Cinar, [1975]), Willoughby (Willoughby, [1970]), Portlock et Whitehead (Portlock, [1971]), Gawad et Whitehead (Gawad, [1976]), Sharpe (Sharpe, [1973]), Hiller (Hiller, [1976]), et ceux parmi d'autres.

Dudnik (Dudnik, [1973]) et Krarup et Pruzan (Krarup et Pruzan, [1973]), ont évalué l'allocation optimale de l'espace, avec des conclusions divergentes. Mise à part la controverse au sujet de l'efficacité des méthodes calculatoires concernant le problème d'aménagement, il est impossible de réduire la richesse de l'apport du concepteur en une fonction mathématique objective. La technique d'évaluation et de mesure de Kalay et Shaviv (Kalay, [1978]) est une tentative intéressante pour capturer l'aspect qualitatif de l'aménagement en utilisant des méthodes calculatoires.

Radford et Gero (Radfor, [1980]), ont recommandé l'énumération des solutions qui sont optimales selon Pareto suivant plusieurs critères. Cette méthode rencontre le même dilemme que les autres méthodes automatiques, à savoir : quantifier ce qui ne devrait pas être quantifié ou ignorer ce qui ne devrait pas être ignoré.

II.3.2 Approche de réaménagement retenue

Notre recherche bibliographique des méthodes d'aménagement nous a amené à étudier des approches appliquées aux aménagements d'ateliers telle que : la méthode des chainons et la méthode matricielle. Ces méthodes sont tirées de sources bibliographiques destinées aux professionnels de l'aménagement en entreprise pour leur servir de guide et ainsi faciliter la mise en œuvre dans des cas bien spécifiques. Elles se basent toutes sur les gammes de production pour générer des aménagements optimisant la manière de production. Le type de production de l'entreprise (nom confidentiel) et l'inexistence de gammes fixes répétitives, exclue l'utilisation de ces méthodes. Dans ce contexte, nous avons eu recours à remonter à la source des méthodes d'aménagement citées plus haut, qui tirent leurs racines du domaine de la recherche opérationnelle et de l'optimisation.

Au cours de notre recherche bibliographique dans les ouvrages et les articles de recherche opérationnelle se référant à l'aménagement, et après avoir passé en revue un certain nombre de méthodes telles que la théorie des graphes, les algorithmes génétiques, nous avons observé que ces méthodes se basent souvent sur la modélisation de contraintes homogènes pour modéliser le problème et trouver une solution d'aménagement. Ces contraintes homogènes peuvent être suivant les flux, suivant des surfaces, des orientations, des enchainements etc. Cependant, le caractère hétérogène des contraintes existantes en conventionnel aurait nécessité un effort de modélisation multicritères et coûteux en calcul. Il en résulterait un ensemble de solutions possibles trop grand. Les solutions optimales sont toujours générées intuitivement, et le caractère aléatoire dans les problèmes d'aménagement subsiste au niveau de la prise de décision. Mise à part la controverse au sujet de l'efficacité des méthodes calculatoires concernant le problème d'aménagement, il est impossible de réduire la richesse de l'apport du concepteur en une fonction mathématique objective.

Jun H. Jo et John S. Gero, dans leur article intitulé « Space Layout Planning using an Evolutionary Approach » (Jun H. Jo et John S. Gero, [2006]), énoncent que la planification d'un aménagement est un des plus complexes problèmes dans le domaine architectural. Il a été abordé par plusieurs chercheurs sur une longue période (Bluffa, [1964]). Trois problématiques majeures ont surgit suie à ces recherches. Ceci inclus la façon de formuler ce type de problèmes complexes non linéaires : comment évaluer les solutions basées sur les différentes contraintes posées. L'ensemble des éléments spatiaux interdépendants font que la formulation soit difficile.

Durant l'étape de synthèse un nombre colossal de solutions plausibles peut être généré même avec un nombre limité d'éléments spatiaux où le nombre de configurations croit d'une façon exponentielle avec la taille du problème. La complexité de l'aménagement spatial rend impossible de garantir une solution optimale dans un délai raisonnable.

En égard aux spécifications de l'atelier, aux formalismes et aux objectifs que nous nous sommes posés, nous avons retenu une approche de génération de réaménagement progressive en allant de l'ensemble aux détails et en considérant tous les besoins et les possibilités hiérarchisées de l'atelier, notamment, la méthode « Systematic Layout Planning SLP ».

II.4 Conclusion

Ce chapitre a été consacré, en premier lieu, à l'analyse profonde du problème de l'atelier conventionnel. En second lieu, l'étude bibliographique nous a guidés vers le choix de la méthode de réaménagement de l'atelier que nous appliquerons dans le chapitre III.

Chapitre III

Réorganisation de l'atelier conventionnel

Mots clés : SLP, layout, diagramme relationnel, diagramme spatial, Autocad

Chapitre III
Réorganisation de l'atelier
conventionnel

III.1 Introduction

Dans ce présent chapitre nous allons expliquer la démarche empruntée pour l'exécution de notre présent projet. Notre méthodologie consiste à concevoir et à évaluer un nouvel aménagement de l'organisation de production. Pour se faire, nous faisons appel à la méthode de « Systematic Layout Planning » **SLP** dont la fonction est le design des aménagements des organisations fonctionnelles des flux de production. Le réaménagement de l'atelier sera réalisé par le logiciel « AutoCAD 2010 » et l'évaluation des flux est assistée par l'outil informatique d'analyse, de manipulation de données et d'automatisation des calculs Excel.

A la fin de ce chapitre, nous présentons le nouveau layout de l'atelier conventionnel.

III.2 Conception du nouvel aménagement

La conception du nouvel aménagement de l'atelier conventionnel est réalisée à l'aide de la méthode SLP.

III.2.1 Présentation de la méthode

Depuis les années 1960, plusieurs chercheurs se sont intéressés au design des implantations. Certes, celui qui a marqué son temps est, sans doute, Muther (Muther, [1973]) avec son heuristique **SLP** (Systematic Layout Planning). Cette heuristique est plus appropriée pour des aménagements de «blocs» de processeurs et donc de centres autant que la composition des centres en termes de processeurs, est connue.

La méthode SLP s'inscrit dans une démarche systématique de conception en quatre phases soit, la localisation de l'emplacement de l'implantation, la conception de l'implantation générale, le design détaillé de l'implantation et l'installation finale. La deuxième et la troisième phase se déploient selon une approche similaire.

La figure intitulée « Procédure de développement de la deuxième et troisième phase de la méthode SLP» explique en détail la procédure de développement de ces phases.

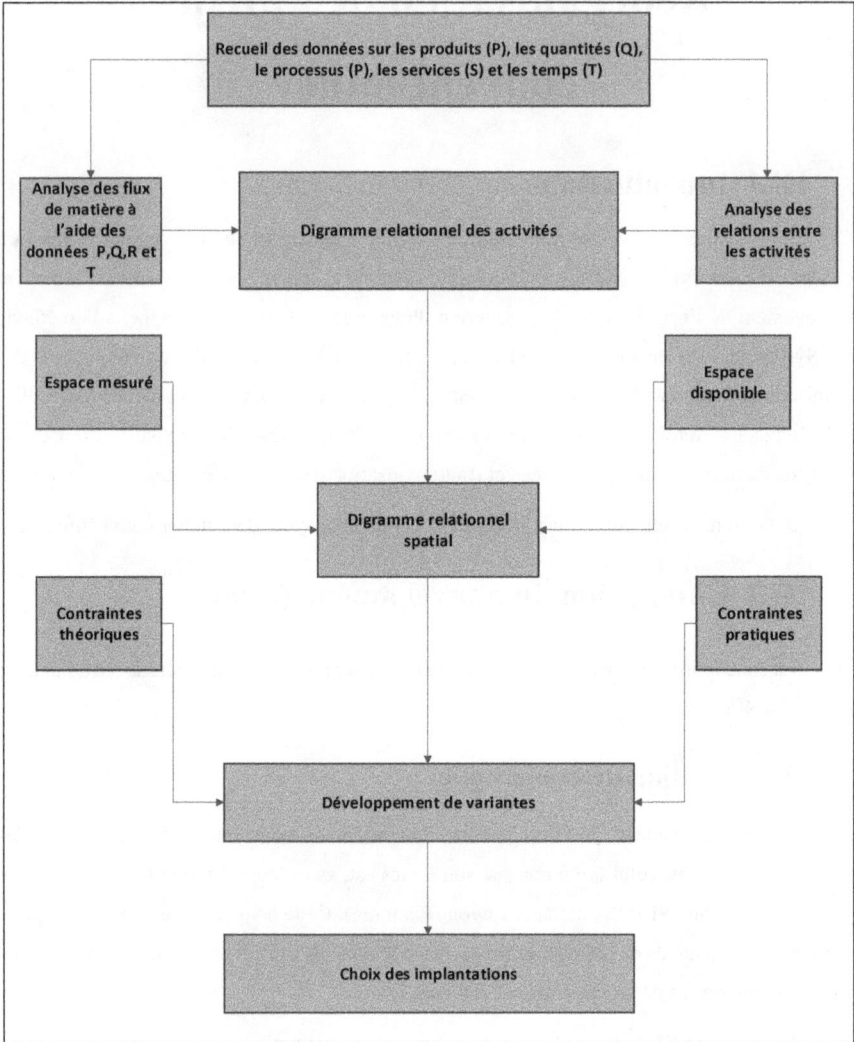

Figure 3.1- Procédure de développement de la deuxième et troisième phase de la méthode SLP

Comme le montre la figure, il existe onze étapes à suivre lors de la conception d'une implantation selon la méthode SLP lesquels :

1. Recueil de données sur les produits (P), les quantités (Q), le processus (R), les services (S), et les temps (T). Dans cette première étape, on recueille toutes les données disponibles sur les caractéristiques des produits à fabriquer et leurs quantités. On collecte les données portant sur les produits finis, la matière première, et les sous-ensembles. Les produits sont réalisés selon un ou des processus de fabrication se manifestant dans les opérations, les équipements et les procédés. Des services tels que la maintenance, la qualité, l'ingénierie etc. viennent supporter la fabrication de ces produits qui doit se faire dans des délais prédéfinis.

2. Analyse des flux de matières à l'aide des données P, Q, R et T : lors de cette deuxième étape, on vise essentiellement l'obtention d'un indicateur d'intensité des flux des matières circulant entre les centres de production. On ne convoite en aucun cas la linéarisation des flux, on cherche seulement à positionner les centres de production. Pour faire les analyses, on prend un échantillon de 20 % des produits choisi à l'aide d'une analyse multicritère.

3. Analyse de la relation entre les activités : le but de cette étape est de déterminer l'ensemble de relations entre toutes les activités. Pour cela, on esquisse un tableau relationnel synthétisant les proximités désirées entre les localisations des départements de production et de support.

4. Diagramme relationnel des activités : il s'agit de transformer les relations établies entre les centres en termes de proximité dans le tableau relationnel, en une organisation spatiale. On place les centres selon une organisation basée sur la proximité. On commence par placer les centres dont les niveaux de proximité sont élevés pour finir avec ceux qui ont les niveaux de proximité les plus bas.

5. Espace nécessaire : plusieurs méthodes existent pour déterminer les espaces requis pour une implantation. Nous nous limitons à la méthode de Tompkins (Tompkins, [1982]). Cette méthode consiste à déterminer l'espace requis pour un centre donné. Pour se faire on commence par multiplier le nombre de postes et de machines que contient le centre par la surface occupée par chaque poste ou machine. Ensuite on y ajoute la surface requise pour les produits en-cours (WIP). Et enfin, on multiplie le tout par un coefficient de correction qui prend en compte l'espace nécessaire pour la manutention.

6. L'espace disponible : cette étape consiste à s'interroger sur l'espace de l'atelier. Comme il s'agit d'un atelier déjà existant (on parle ici d'un réaménagement) plusieurs contraintes se

présentent soit, la proximité des autres départements, le nombre d'étages, les accès possibles etc.

7. Diagramme relationnel spatial : dans le diagramme déjà établi lors de l'étape du diagramme relationnel des activités, on intègre l'espace de chaque centre ainsi que les couloirs de circulation et les quais de réception et de livraison.

8. Facteurs influents : dans cette étape, on parle surtout de manutention. Selon la nature des produits et des sous-ensembles circulant dans le système, il faut déterminer les types d'équipements de manutention adéquats ainsi que le nombre de copies de chacun de ces équipements.

9. Contraintes pratiques : les principales contraintes pratiques qui entravent un design d'implantation d'atelier sont l'environnement de l'entreprise concernant certaines réglementations et l'approche gestionnaire de certains décideurs, au sein de l'entreprise, qui peuvent influencer grandement le déroulement du processus de réaménagement.

10. Développement de variantes : il est très recommandé de générer des alternatives d'aménagements et de les comparer par la suite. Le choix de l'organisation finale doit être basé sur des variantes relevant du même type d'implantation ou de types différents. L'équipe chargée de la conception doit se baser sur des facteurs importants afin que la solution finale soit consistante.

11. Choix d'une implantation : Il y a plusieurs facteurs que l'on doit prendre en compte lors du choix d'un type d'implantation donné. Parmi ces facteurs, nous trouvons l'investissement en termes d'équipements de production et de manutention, la facilité d'une éventuelle extension dans le futur, le taux d'utilisation des espaces et des équipements, la qualité des produits etc.

III.2.2 Réorganisation de l'atelier conventionnel par la méthode SLP

L'application de la méthode SLP pour le réaménagement de l'atelier conventionnel suit les étapes présentées auparavant. Dans ce qui suit la description du déroulement de chaque étape.

o **Etape 1 : recueil de données sur les produits (P), les quantités (Q), le processus (R), les services (S), et les temps (T).**

Toutes les données techniques relevant des produits et de leurs quantités, des processus d'assemblage et des temps de cycle ont été récolté auprès du bureau de planification. Dans l'annexe 3 nous présentons deux exemples pour les références « 28B2500_MAIN » et « 28B2500_KEY ».

o **Etape 2 : Analyse des flux de matières**

Lors de cette étape, nous visons l'obtention d'un indicateur de sélection des références. Pour se faire, nous avons eu recours à une analyse multicritère permettant de résoudre des problèmes de décision où plusieurs critères sont pris en considération dans le choix d'une ou de multiples solutions. Nous avons attribué à chaque critère des notes pondérées, allant de 0 à 4 selon l'importance du critère pour chaque référence comme indiqué dans le tableau ci-dessous.

Tableau3.1- Tableau de description des codes de lettres définissant l'importance du critère

Signification	Pondération
Absolu	4
Très important	3
Important	2
Ordinaire	1
Non important	0

Les critères pris en compte, sont au nombre de quatre et présentent pour l'entreprise les plus importants indices de niveau de productivité. Nous nous devons de les expliquer afin de clarifier leur importance. Ces critères se présentent comme suit :

- Consommation annuelle en minutes de production : la cadence annuelle multipliée par le temps total d'opération Tto.

- Coût annuel de production en euros € : consommation annuelle en heure de production multipliée par le coût de facturation de l'heure de production (1H= 6 €).

- Consommation en ressources en pourcentage : le taux le passage par les postes par rapport au nombre total des postes.

- Ecart entre le minutage réalisé et le minutage facturé : Cet écart a été préalablement expliqué dans le chapitre 2.

Afin de présenter les différents critères de choix et leur degré d'importance relative, nous avons élaboré le tableau suivant :

Tableau 3.2- Les critères et leurs cotations

Critère / Cotation	Consommation annuelle de production (min)	Coût annuel prod €	Consommation en ressources (%)	Ecart minutage (min)
Non important	De 0 à 100	De 0 à 10	20%	supérieur à 10 min
Ordinaire	De 100 à 1000	De 10 à 100	40%	Entre 0 à 10 min
Important	De 1000 à 10000	De 100 à 1000	60%	Egal à 0 min
Très important	De 10000 à 100000	De 1000 à 10000	80%	Entre 0 à -10 min
Absolu	Supérieur à 100000	Supérieur à 10000	100%	Inférieur à -10 min

Ce travail a été réalisé pour toutes les références. En annexe 3 nous avons présenté les calculs des totaux réalisés uniquement pour les deux références « DUAL TANK 308 » et « DUAL TANK 311 ».

Après avoir effectué ce travail, nous avons calculé le total des pondérations pour chaque référence, puis nous avons choisi une liste des 20% de la totalité des références ayant les totaux les plus élevé. La liste finale des références sélectionnées est présentée aussi en annexe 3.

Avant de passer à l'étape concernant l'établissement des relations entre les activités (opérations affiliées aux zones), nous présentons le routage de tous les produits formant l'échantillon à étudier.

Nous avons décidé, afin de simplifier le travail d'attribuer des abréviations aux différents processus de production ainsi qu'un numéro pour chaque zone du processus de production. Le tableau ci-dessous résume les différents abréviations et numéros.

Tableau 3.3- Tableau des codes zones

Procédure	Code	Zone de la procédure	Numéro de la zone
Réception kits	Rec_kit	Zone de réception des kits	Z1
Préformage et préparation	Pre_pre	Zone de préparation	Z2
Assemblage	Ass	Lignes d'assemblage	Z3
Passage soudure à vague	Sod_vag	Zone de soudure à vague	Z4
Contrôle soudure et montage complémentaire	Con_s	Zone contrôle soudure et montage complémentaire	Z5
Contrôle final	Con_f	Zone contrôle final	Z6
Test	Tes	Zone de test	Z7
Réparation	Rep	Zone réparation	Z8
Emballage	Emb	Zone emballage	Z9
Mise en boitiers	M_boit	Zone mise en boitiers	Z10
Stockage produits finis	St_pf	Zone produits finis	Z11
Expédition	Exp	Monte-charge pour l'expédition	
Nettoyage	Net	Zone de nettoyage	Z12

Nous présentons dans l'annexe 3 le routage de tous les produits ou références sélectionnés

o **Etape 3 : Relations entre les activités**

Lors de cette étape nous construisons un diagramme relationnel des zones présentés dans le tableau « diagramme origine-destination des zones ». Il met en relief les quantités des flux de produits qui circulent entre chaque paire de zones. Pour ce fait, nous avons calculé la somme des nombres de transferts entre chaque paire de zones en se basant sur les routages et les quantités des produits. Afin d'opérer avec les nombres de transferts, nous avons divisé la somme des quantités demandées, pour chaque type de produit, sur 30 qui définit le nombre de la taille de lot dans le moyen de manutention. En effet, Les produits circulent, entre les zones, en moyenne en quantité de 30 dans des chariots de manutention.

Tableau 3.4- Diagramme origine-destination des zones

		Rec_kit	Pre_pre	Ass	Sod_vag	Con_s	Con_f	Tes	Emb	M_boit	St_pf
		Z1	Z2	Z3	Z4	Z5	Z6	Z7	Z9	Z10	Z11
Rec_kit	Z1		6421								
Pre_pre	Z2			4753		1667					
Ass	Z3				4753						
Sod_vag	Z4					4753					
Con_s	Z5						6421				
Con_f	Z6							3864	2557		
Tes	Z7								3864		
Emb	Z9									6421	
M_boit	Z10										6421
St_pf	Z11										

o   **Etape 4 : tableau relationnel**

Lors de cette étape, nous transformons les relations établies entre les zones en termes de proximité en une organisation spatiale : nous plaçons les zones selon une organisation basée sur la proximité. Pour se faire, nous commençons par classifier les paires de centres selon les quantités de produits qui y circulent. Ensuite, nous affilions, à chaque paire de centres, un code de lettre illustrant l'importance de proximité. La description de tous les codes de lettres définissants l'importance de proximité est donnée dans le tableau 3.5.

Tableau 3.5- Tableau de description des codes de lettres définissants l'importance de

proximité

Valeur	Pondération	Symbole	Signification	Couleur
A	4	————————	Absolu	
E	3	————————	Très important	
I	2	————————	Important	
O	1		ordinaire	
U	0	- - - - - - - - - -	Non important	

Le tableau suivant montre les relations de proximité entre les zones.

Tableau 3.6- Tableau de proximité entre les zones

Zones	Nombre de voyages	Codes
Rec_kit/ Pre_pre	6421	A
M_boit/ St_pf	6421	A
Emb/ M_boit	6421	A
Con_s/ Con_f	6421	A
Pre_pre/ Ass	4753	E
Ass/ Sod_vag	4753	A
Sod_vag/ Con_s	4753	E
Con_f/Tes	3864	I
Tes/ Emb	3864	I
Con_f/ Emb	2557	O
Pre_pre/ Con_s	1667	U

o **Etape 5 : diagramme relationnel spatial**

Dans cette phase, nous transformons les relations de proximité en une organisation spatiale des centres. Ainsi, nous allons procéder en 5 phases.

• Phase 1 : on place les zones ayant des relations A entre elles.

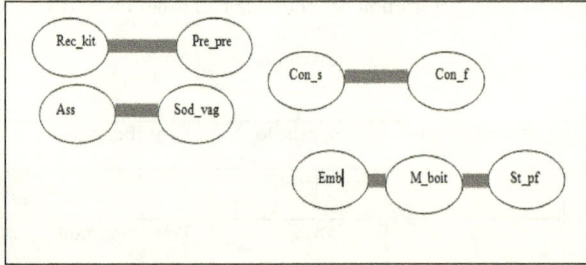

Figure 3.2- Placement des zones ayant les relations A

- Phase 2 : on place les zones qui ont les relations E avec celles qui sont déjà placées.

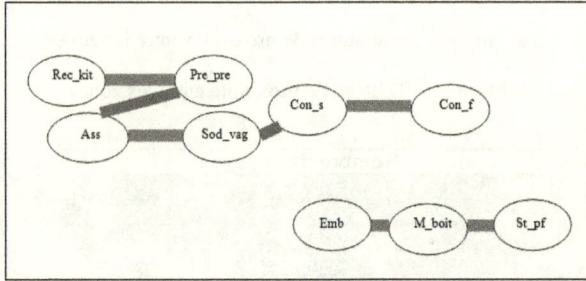

Figure 3.3- Placement des zones ayant les relations E

- Phase 3 : les zones qui ont les relations I avec ceux qui sont déjà placées.

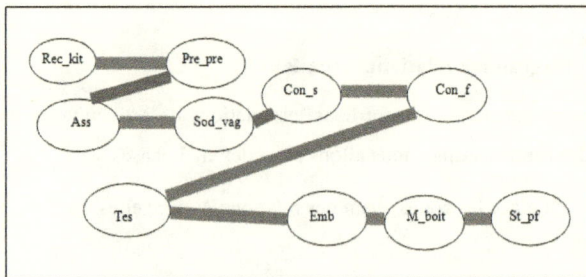

Figure 3.4- Placement des zones ayant les relations I

- Phase 4 : on place les zones qui ont les relations O avec ceux qui sont déjà placées

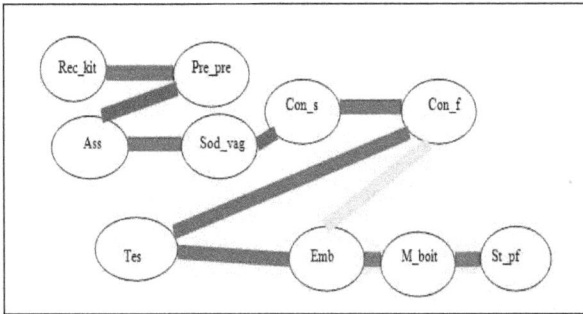

Figure 3.5- Placement des zones ayant les relations O

- Phase 5 : on place les zones qui ont les relations U avec ceux qui sont déjà placées.

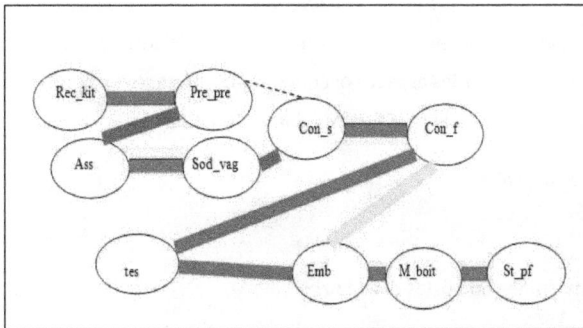

Figure 3.6- Placement des zones ayant les relations U

Nous devons aussi prendre en considération la nécessité de proximité de la zone de nettoyage de celle de l'emballage et du test vu que plus de 50% des cartes PCBS nécessitent un nettoyage après test. Une seconde contrainte s'ajoute est celle de la nécessité de proximité entre la zone test et la zone de réparation.

Au final nous obtenons la figure suivante :

Figure 3.7- Diagramme final de placement des zones

o **Etape 6 : espace requis**

Il y a plusieurs façons de calculer les espaces dans une implantation donnée. Pour notre cas, nous avons opté pour la méthode de Tompkins. Cette méthode consiste à déterminer N (nombre de machines ou poste pour chaque zone), calculer la surface occupée par chaque type de machine ou poste, calculer les espaces occupés par les produits en-cours, et enfin calculer la surface de la zone qui englobe le tout figurant dans l'équation (3.1).

$$Surface\ de\ zone = \left((N \times S_m) + S_{pc}\right) \times C_m \qquad (3.1)$$

Avec :

N : nombre de machines ou postes dans la zone ;

Sm : surface occupée par une machine ou un poste ;

Spc : espace occupé par les produits en-cours ;

Cm : coefficient de manutention.

Le choix du coefficient de manutention dépend de la largeur de la plus large charge :

Largeur de la plus large charge à déplacer (LMAX) % d'allocation pour les allées :

LMAX < 0.1524m............................ 5 à 10%

0.1524m < LMAX < 0.3048m.............. 10 à 20%

0.3048m < LMAX < 0.4572m................ 20 à 30%

LMAX > 0.4572m............................ 30 à 40%

Les moyens de manutention circulant entre les zones sont les chariots (0.43m de largeur) et des palettes (0.9m de largeur).

Avant de passer au calcul des surfaces, nous devons étudier trois idées qui ont été adopté au cours du projet afin d'optimiser le niveau de production pour pouvoir par la suite déterminer l'espace requis pour leur implantation. Ces trois idées consistent à augmenter le nombre de lignes d'assemblage de deux à six lignes comme il a été mentionné dans le chapitre 2 pour pouvoir surmonter le problème de goulot d'étranglement au niveau de ces lignes surtout que les prévisions des demandes confirment le besoin d'augmentation de la capacité d'assemblage ainsi que la séparation en monoposte des postes de contrôle soudure et montage complémentaire afin de garantir un meilleur rendement des opératrices et un milieu plus ergonomique et finalement l'optimisation de l'espace de stockage des en-cours.

III.2.2.a L'étude d'implantation des nouvelles lignes d'assemblage

Les deux lignes d'assemblage actuelles sont aménagées verticalement l'une est située juste en avant de la machine à vague alors que l'autre est située loin de la machine. Cette implantation est illustrée dans la figure intitulée « implantation actuelle des lignes d'assemblage ».

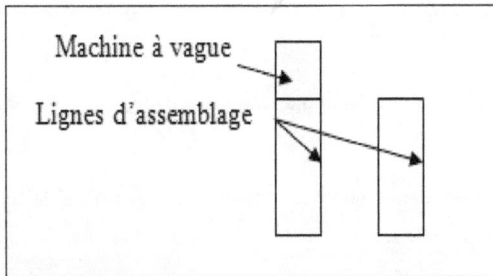

Figure 3.8- Implantation actuelle des lignes d'assemblage

L'inconvénient majeur de l'implantation de ces deux lignes, en plus de son incapacité à couvrir la charge, est que le vagueur doit lui-même se déplacer vers la deuxième ligne pour récupérer le flan puis le placer dans le cadre vague. Ce déplacement inutile réduit l'efficacité de l'opération de soudure et diminue le taux de rendement synthétique TRS de la machine à vague. Pour remédier à ce problème, nous avons pensé qu'il serait plus convenable de placer les six lignes horizontalement et de placer entre elles un convoyeur automatique pour pouvoir déplacer les flans vers la machine à vague. Le placement des flans dans les cadres serait mené par l'opératrice chargée de contrôle sur les lignes d'assemblage (dernier poste sur la ligne). Le convoyeur peut être à double sens afin de permettre le retour à vide des cadres vague et la détection de présence de flan devant la machine à vague se ferait à travers une puce qui permet de lire le code spécifique du flan, ainsi le changement de programme se ferait automatiquement à travers cette puce.

La figure suivante représente la nouvelle implantation.

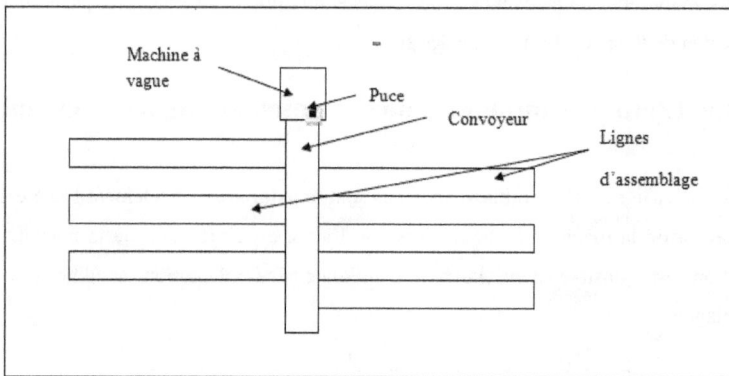

Figure 3.9- Nouvelle implantation des lignes d'assemblage

Afin de mieux assimiler cette solution nous présentons dans la figure ci-dessous, un exemple de convoyeur à double sens.

Figure 3.10- Exemple de convoyeur à double sens [4]

III.2.2.b Etude ergonomique d'implantation en monoposte

Les postes de contrôle soudure et montage complémentaire et de contrôle final en conventionnel sont aménagés de façon à regrouper huit postes de travail sur une même table. Nous avons représenté dans la figure 3.11 cette implantation.

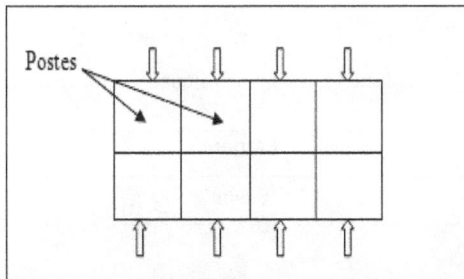

Figure 3.11- Implantation actuelle des postes de contrôle soudure et montage complémentaire

Les flèches représentées sur la figure indiquent l'orientation des opératrices. Cette implantation présente deux inconvénients. Le premier est qu'elle favorise la communication permanente entre les opératrices et les comparaisons de cette implantation avec les monopostes implantés dans l'atelier CMS montrent un rendement plus bas des postes de contrôle en conventionnel. Quant au deuxième inconvénient est la mal définition des inputs et outputs sur chaque poste. En effet deux postes peuvent utiliser le même chariot l'un comme input et l'autre comme output. Nous avons élaboré dans le tableau 3.7 les dimensions des postes actuels.

Tableau 3.7- Les dimensions des postes actuels

Longueur	Largeur	Hauteur
0.83m	1.33m	0.83m

Les études de l'ergonomie des postes de travail expliquent que la hauteur ergonomique doit correspondre à la hauteur des chariots (0.83m) afin de faciliter la prise et la pose des flans ou cartes pour le contrôle soudure et le montage complémentaire. On peut donc pour la conception des nouveaux postes garder la même hauteur. La longueur, elle aussi, est conforme aux normes de l'ergonomie.

Pour la largeur, les normes expliquent qu'elle doit être de 1.2 m en comptant les box des inputs et des outputs. Cependant pour notre cas ces box correspondent plutôt aux chariots qui sont séparés des postes. La largeur ergonomique et optimale sans compter les box inputs/outputs correspond pratiquement à la largeur des épaules de l'être humain (à peu près 0.6m). Nous avons donc, opté pour la conception des nouveaux monopostes au choix de dimensions présenté dans le tableau ci-dessous.

Tableau 3.8- Les dimensions des monopostes

Longueur	Largeur	Hauteur
0.6m	0.84m	0.83m

La figure intitulé « le dessin technique du monoposte » présente le dessin de la conception de nouveaux postes de contrôle soudure et montage complémentaire ainsi que celui du poste de contrôle final.

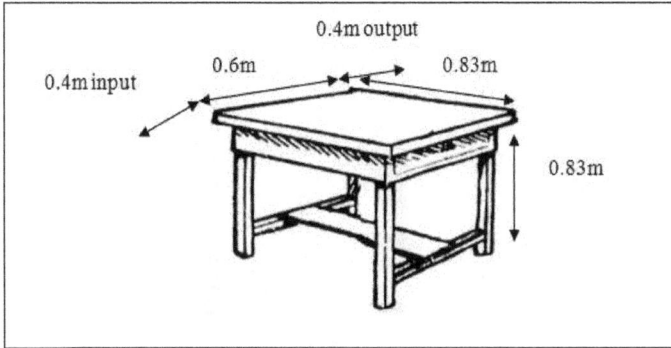

Figure 3.12- Dessin technique du monoposte

III.2.2.c Optimisation des espaces de stockage des en-cours (WIPs)

Le stockage des produits en-cours (WIPs) après passage à vague se fait, comme indiqué dans la figure ci-dessous dans des box placés sur sept palettes. La dimension de chaque palette est de 1.2m de langueur et 0.9m de largeur. La surface totale de stockage compte 36m^2.

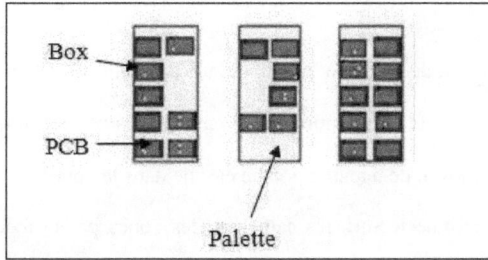

Figure 3.13- Stockage en-cours en conventionnel

L'idée d'optimisation consiste à ne considérer que les dimensions des box pour le stockage (0.6m/0.4m). Nous avons par ce fait, pensé qu'il été plus convenable de stocker les en-cours sur des étagères de stockage de largeur 0.45m. La figure suivante présente le dessin de conception des étagères.

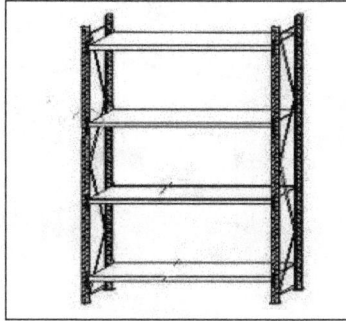

Figure3.14- Dessin de conception des étagères

Cette idée a été aussi adoptée pour la zone de stockage des testeurs.

Après avoir étudié la faisabilité des différentes idées, nous passons au calcul des dimensions requises pour chaque zone.

Pour les zones de stockage nous avons gardé les mêmes dimensions que l'aménagement actuel, sauf pour l'espace de stockage des en-cours des produits après passage à vague.

Quant au coefficient Cm de manutention nous avons choisi de prendre les coefficients suivant :

- 1.4 : si le moyen de manutention qui circule dans la zone est une palette.

- 1.3 : si le moyen de manutention qui circule dans la zone est un chariot.

- 1 : si aucun moyen de manutention ne circule dans la zone.

Le tableau intitulé « Surfaces calculées des zones par la méthode de Tompkins » résume les calculs des espaces.

Tableau 3.9- Surfaces calculées des zones par la méthode de Tompkins

Zone	N	Sm (m²)	Spc (m²)	Cm	Surface totale (m²)
Z1			34.125	1	34.125
Z2	7	1.1039	8.64	1.4	22.91
Z3	6	15.6	8	1.3	132.08
Z4	1	4.59	0	1.3	5.967
Z5	16	1.162	2.4	1.3	27.29
Z6	11	1.162	0	1.3	16.62
Z7	18	1.12	2.4	1.3	29.328
Z8	1	2.982	0	1.3	3.87
Z9	4	1.12	6.525	1.3	14.3
Z10	4	1.12	6.525	1.3	15.87
	1	1.2			
Z11			20.25	1.4	28.35
Z12	4	1.12		1.3	5.824
				TOTAL	336.534

o **Etape 7 : espace disponible**

Dans cette étape nous présentons l'espace disponible en comptant les contraintes des accès et des exigences des parties prenantes. En effet, le calcul de l'espace disponible exige la soustraction de tous ces espaces de l'espace total de l'atelier. Dans le tableau 3.10, nous avons présentés les étapes du calcul de l'espace disponible.

Tableau 3.10- Calcul de l'espace disponible

L'espace d'accès à l'atelier (m²)	L'espace accès visiteur (m²)	L'espace occupé par l'armoire électrique (m²)	L'espace occupé par les bureaux (m²)	Extension magasin (m²)	L'espace pour machines d'insertion (m²)	L'espace Test in situ (m²)
72.25 m	15	9	88	45.6	36	36
					TOTAL	301.85
					L'espace total	762
					L'espace disponible	460.15

L'espace disponible, comme indiqué dans le tableau ci-dessus, est supérieur à l'espace requis. Ce résultat simplifie beaucoup notre travail. En effet, nous pouvons désormais passer à l'étape suivante sans chercher à trouver des solutions de diminution de l'espace requis.

o **Etape 8 : relationnel de l'espace**

Dans cette étape, nous allons reprendre le diagramme relationnel déjà fait et nous lui intégrons l'espace de chaque zone. Dans la suite, nous allons présenter le diagramme relationnel de l'espace dans la figure 3.15.

Figure 3.15- Diagramme relationnel de l'espace

o **Etape 9 : Facteurs influents et contraintes pratiques**

Dans cette étape, nous étudions les contraintes qui peuvent influencer la réorganisation de l'atelier. Cependant, comme il s'agit d'un réaménagement, ces facteurs et contraintes liés principalement aux mesures de sécurité à prendre en considération tels que les accès de secours, l'étude de l'implantation d'extincteurs de fumée, et l'isolation de la zone de vernissage et aux études des moyens de manutention de l'atelier, sont déjà présents dans l'implantation actuelle de l'atelier. Nous allons les garder tels qu'ils sont définis.

o **Etape 10 : Développement des variantes**

Cette étape consiste à développer plusieurs possibilités de réaménagement et de les étudier en termes de proximité, d'optimisation d'espace, et d'éventuelles extensions. En annexe 3, nous avons présenté deux alternatives qui ont été développées.

o **Etape 11 : choix d'implantation**

En plus des facteurs étudiés dans l'étape précédente, des améliorations ont été développées. En effet, nous avons opté pour l'isolation du centre de formation, afin de garantir une formation plus efficace des opérateurs. Une autre idée a été adoptée dans l'organisation finale, consiste à implanter des postes de contrôle soudure à la sortie de la vague pour optimiser l'espace et les gestes inutiles.Au final, nous avons élaboré, à l'aide du logiciel de conception assistée par ordinateur CAO en 2D et 3D autoCAD 2010, le plan de l'implantation finale de l'atelier conventionnel.

MAGASIN

III.3 Conclusion

Au cours de ce chapitre, nous avons élaboré une conception d'une nouvelle organisation de l'atelier conventionnelle à l'aide de la méthode heuristique basée sur l'étude des proximités « Systematic Layout Planning » SLP. La prochaine étape consiste à étudier la mise en place de la solution conçue en termes de coût et de planification du projet.

Chapitre IV

Etude de la mise en place de la nouvelle

organisation de l'atelier

Mots clés : coût d'investissement, amortissement, retour sur investissement, Msprojct

Chapitre IV

Etude de la mise en place de la nouvelle organisation de l'atelier

IV.1 Introduction

La phase finale du projet consiste à étudier la mise en place de la conception proposée en tenant compte des coûts d'investissement et des phases de déroulement du projet. Ce chapitre mènera ces étapes et proposera une estimation du retour sur investissement.

IV.2 Investissement

IV.2.1 Définition

L'investissement est une dépense engagée en vue d'obtenir des flux de revenus futurs. Cette dépense se distingue donc de la consommation. En ce sens, l'investissement s'inscrit dans un cycle de long terme (J. Calatayud, [2014]).

IV.2.2 Estimation des coûts d'investissement

Dans cette partie nous allons proposer des estimations des coûts d'investissement de ce projet vu que nous ne pouvons pas donner des calculs exactes de ces coûts du moment où la société (nom confidentiel) n'est pas engagée avec des fournisseurs particuliers qui pourraient nous communiquer des données concernant les coûts.

Les estimations des dépenses seront faites en dinars tunisien (DT) car, (nom confidentiel) traite les données de transactions d'acquisition de matériels en dinars tunisien.

Tous les coûts qui ne peuvent être estimés qu'au moyen d'euros (€) seront, par la suite, convertis en dinars tunisiens en tenant compte des devis. En effet, les conversions suivent la valeur suivante :

1 € = 2.17 DT

IV.2.2.a Coût d'acquisition de nouvelles lignes de production

Les quatre nouvelles lignes conçues dans le plan de réaménagement de l'atelier conventionnel seront identiques aux lignes d'assemblage actuellement implantées et qui comptent cinq postes chacune. Le coût d'acquisition d'un seul poste d'assemblage en tenant compte du coût de matières première notamment le bois et le fer, le coût de main d'œuvre et coût de revient est estimé à 500 DT.

- Le coût d'acquisition des lignes = le coût d'acquisition d'un poste × nombre des postes
- Le coût d'acquisition des lignes = 500 × 20 = 10000DT

IV.2.2.b Coût d'acquisition du convoyeur

Comme nous ne possédons aucune donnée concernant le coût d'acquisition de ce type de convoyeur à double sens nous nous sommes référenciés à des entreprises de vente en ligne [4,5,6,7]. Le mètre du convoyeur à rouleaux (m) est estimé à 220 €. Le convoyeur tel qu'il est conçu doit être de l'ordre de 9 m et comme il est à double sens le besoin en métrage s'élève à 18m.

De ce fait le coût d'acquisition du convoyeur est estimé à 3960 € soit 8593.2 DT.

IV.2.2.c Coût d'acquisition des monopostes

Le nombre de monopostes tel que montre la conception s'élève à 28 postes.

Les monopostes seront réalisés chez (nom confidentiel) qui fait partie du groupe (nom confidentiel) afin que les dépenses soient aussi optimales que possible. Cependant la société facture toutes les transactions avec (nom confidentiel) et la considère comme société cliente. Pour les données nécessaires ils ne nous ont fournis que celles concernant le coût du fer qui s'élève à 3.5 DT pour le mètre (m). Les calculs en besoin de fer pour la fabrication d'un seul poste s'élèvent à 8.4 m de fer. Le fer seul alors compte 29.4 DT par poste. Pour le coût du bois les estimations sont de l'ordre de 50 DT pour un seul poste. Nous pouvons donc estimer le coût de matière première à 79.4 DT pour chaque poste.

On peut donc estimer le coût d'acquisition de la table à 120 DT. Cependant le poste de travail ne compte pas seulement la table mais, il compte aussi l'éclairage et le matériel du travail.

Les estimations indiquent que le seul poste de travail compte de 50 DT.

Le coût total d'acquisition des monopostes s'élève à 7000 DT.

IV.2.2.d Coût d'acquisition des chariots

Avant de passer au calcul des coûts, nous devons élaborer le besoin en chariots pour les différentes zones en tenant compte du fait que chaque poste a besoin de deux chariots l'un en tant qu'input et l'autre en tant qu'output sauf pour les lignes d'assemblage qui n'ont besoin chacune que d'un seul chariot devant la ligne. Le tableau ci-dessous présente le besoin en chariots de manutention.

Tableau 4.1- Besoin en chariots de manutention

Zone	Nombre de poste	Besoin en chariots
Préparation et préformage	6	12
Lignes d'assemblage	6 lignes	6
Contrôle soudure	4	8
Montage complémentaire	12	24
Contrôle final	11	22
Test	18	36
nettoyage	4	8
emballage	4	8
Mise en boitier	4	8
coupe	1	2
Réparation	2	4
	total	138
	Nombre actuel de chariots	41
	Besoin en chariots	97

Avec le besoin en chariots = total – nombre actuel de chariots

Les chariots sont également fabriqués par (nom confidentiel) et le coût de matière première pour un seul chariot s'élève à 38 DT. Par la suite, nous pouvons estimer le coût d'acquisition d'un chariot à 120 DT.

Le coût total d'acquisition des chariots = coût d'acquisition d'un seul chariot × besoin en chariots.

Le coût total d'acquisition des chariots = 120 × 97 = 11640 DT.

IV.2.2.e Coût d'acquisition du câble d'alimentation

La nouvelle implantation des lignes d'assemblage implique un réaménagement de la machine à vague qui doit être déplacée. La nouvelle position de la machine à vague exige un nouveau câble d'alimentation de longueur 10 mètres (m). Le coût d'acquisition d'un seul mètre est de 200 dinars. Le coût d'acquisition du câble s'élève alors à 2000 DT.

IV.2.2.f Coût d'acquisition des cadres vagues et des cadres d'assemblage

Le cadre vague est un cadre de forme rectangulaire qui contient deux barres de fixation du flan réglables selon sa grandeur. Le coût du cadre est de 144 € et le coût d'une seule barre est de 43 €. On constate que le coût total du cadre vague est de 230 € soit, 449.1 DT.

Le nombre actuel des cadres vague à l'atelier conventionnel est de 10 cadres vagues pour les deux lignes. Nous avons, alors, estimé le besoin en cadres vagues à 20 cadres pour les 4 nouvelles lignes.

De plus, le coût d'acquisition des cadres vagues = besoin en cadres vagues × coût du cadre

On en constate que le coût d'acquisition des cadres vagues = 20 × 499.1 = 9982 DT.

Pour le calcul du coût des cadres d'assemblage nous avons procédé de la même manière sauf que le coût des cadres et les besoins ne sont pas les mêmes.

- Le coût du cadre d'assemblage = 144 € = 312.48 DT

- Le besoin en cadres d'assemblage = 100

- Le coût d'acquisition des cadres vagues = besoin en cadres vague × coût du cadre

On a donc, le coût d'acquisition des cadres d'assemblage = 100 × 312.48= 31248 DT.

IV.2.2.g Coût d'acquisition de l'aspirateur et coût de climatisation

La proximité entre la zone de soudure à vague et les postes de contrôle soudure peut influencer la santé des opérateurs à cause de dégagement de fumée de soudure à l'étain. De plus la chaleur à proximité de la machine à vague est trop gênante et peut diminuer le rendement des opérateurs. Ces deux contraintes, exigent l'installation d'un aspirateur de fumée d'étain qui coûte 500 DT. La climatisation de l'atelier est un projet qui a été étudié par (nom confidentiel) afin de garantir un milieu de travail plus ergonomique. Les études estiment le coût de climatisation s'élève à 27000 DT.

IV.2.2.h Coût d'acquisition des étagères

Le coût d'acquisition optimal d'une étagère de largeur 3 mètres (m) qui contient 3 étages est de 500 € soit 1085 DT. Nous avons besoin de deux étagères de ce type. Nous pouvons alors estimer le coût d'acquisition des étagères à 2170 DT.

IV.2.2.i Les coûts non estimés

Le coût d'acquisition de la puce n'a pas pu être estimé malgré les multiples recherches, vu la nécessité d'une étude approfondie sur le fonctionnement de cette puce.

IV.2.3 Récapitulatif

Dans le tableau intitulé « coût d'investissement », nous avons élaboré un récapitulatif qui permet de calculer le coût total de l'investissement. Cependant, ce coût reste estimatif et les coûts peuvent varier d'un fournisseur à l'autre.

Tableau 4.2- Coût d'investissement

Nature du coût	Coût en dinars tunisien (DT)
Coût nouvelles lignes d'assemblage	10000
Coût convoyeur	8593.2
Coût monopostes	7000
Coût chariots	11640
Coût câble d'alimentation	2000
Coût cadres vague	9982
Coût cadres d'assemblage	31248
Coût aspirateur fumée	500
Coût climatisation	27000
Coût étagères	2170
Le coût total d'investissement	110133.2

L'estimation du coût total d'investissement, s'élève à **110134 DT**.

IV.3 Estimation du retour sur investissement

IV.3.1 Définition

Le Retour Sur Investissement (RSI), aussi appelé aussi ROI (Return on Investment), permet de mesurer et de comparer le rendement d'un investissement. Généralement, le retour sur investissement se base sur le calcul du ratio bénéfices de l'investissement divisé par coût de l'investissement. Le retour sur investissement est un indicateur essentiel pour choisir entre plusieurs projets et déterminer celui qui rapportera le plus d'argent par rapport aux sommes initiales investies. (J. Calatayud, [2014]).

La formule générale pour calculer le retour sur investissement est la suivante : Retour sur investissement (%) = (gain de l'investissement – coût de l'investissement) / coût de l'investissement.

88

Pour la suite, nous allons estimer le Retour Sur Investissement sur dix ans qui correspond à la période des amortissements des équipements.

IV.3.2 Bénéfices d'investissement

Les bénéfices attendus de la réorganisation de l'atelier en termes de productivité, consistent à tripler la capacité sur les lignes d'assemblage et comme se sont ces lignes qui présentent les goulots d'étranglement, cela signifie que la capacité totale de l'atelier serait triplée. La nouvelle organisation permettra aussi de diminuer les temps perdus en manutention et les temps d'attente grâce à la diminution d'espace de stockage des encours et la proximité entre les zones.

En termes de chiffrage des bénéfices, nous avons décidé de prendre comme référence la semaine dix-neuf 19, car au cours de cette semaine la charge et la capacité étaient équivalentes. Nous allons estimer le gain en temps de production puis transformer ce gain en bénéfices des temps facturés.

Au cours de la semaine 19 le nombre d'opérateurs présents était de 60 opérateurs.

D'après l'équation (2.5) on a :

$$Présence\ en\ heures = Présence\ en\ personnels \times 8$$

Le tableau ci-dessous récapitule le calcul du gain de l'augmentation des lignes d'assemblage.

Tableau 4.3- Gain d'augmentation des lignes d'assemblage

Présence en personnels actuelle	60
Présence en personnels après implantation des nouvelles lignes	80
Présence en heures actuelle	480
Présence en heures après implantation des nouvelles lignes	640
Gain en heures h	160
Gain en euros €	960
Gain en dinars tunisien DT	2083.2
Gain annuelle en dinars tunisien DT	**108326.4**

Avec :

- gain en heures h = Présence en personnels après implantation des nouvelles lignes-Présence en personnels après implantation des nouvelles lignes ;

- . Gain en euros € = gain en heures h × 6 ;

- Gain en dinars tunisien DT = Gain en euros € × 2.17 ;

- Gain annuelle en dinars tunisien DT = Gain en dinars tunisien DT × 52.

La production pendant la semaine 19 était de 6240 cartes comme indiqué en annexe 4.

Pour le calcul des bénéfices sur les temps perdus en manutention et en attente nous avons élaboré le tableau ci-dessous en procédant de la même manière que pour le calcul effectué au cours du troisième chapitre (un chariot peut transférer 30 cartes).

Tableau 4.4- Gain sur les temps perdus en manutention

Nature	Actuel (s)	Après implantation (s)	Gain en heures h	Gain en euros €	Gain en dinars tunisien DT
Temps de manutention après passage à vague	4992	0	1.38	8.32	18.05
Temps de manutention zone test et nettoyage	3016	1248	0.49	2.95	9.4
				Gain total par semaine	27.45
				Gain total annuel en dinars tunisien DT	1427.4

Avec :

- Actuel (après vague) = (nombre de cartes/capacité du chariot) × temps de déplacement d'un chariot en secondes ×2 (allée et retour) ;

- Actuel (zone test et nettoyage) = (nombre de cartes/2×capacité du chariot) × temps de déplacement d'un chariot en secondes: seulement 50% de cartes nécessitent du nettoyage ;

- Après implantation (après vague) = (nombre de cartes/capacité du chariot) × temps de déplacement d'un chariot après implantation en secondes ×2 (allée et retour) ;

- Actuel (zone test et nettoyage) = (nombre de cartes/2×capacité du chariot) × temps de déplacement d'un chariot après implantation en secondes ;

- gain en heures h = actuel – après implantation/3600 ;

- . Gain en euros € = gain en heures h × 6 ;

- Gain en dinars tunisien DT = Gain en euros € × 2.17 ;

- Gain total en dinars tunisien DT = somme des gains en dinars tunisien DT ;

- Gain total annuel en dinars tunisien DT = Gain en dinars tunisien DT × 52.

IV.3.3 Durée du retour sur investissement

Les bénéfices annuels résultants de la réorganisation de l'atelier sont la somme des gains calculés dans les deux tableaux précédents, nous pouvons donc conclure la formule suivante :

Bénéfices annuel (DT) = gain d'augmentation des lignes d'assemblage (DT) + gain sur les temps redus en manutentions.

Ainsi, nous obtenons le résultat suivant :

Bénéfices annuel (DT) = 108326.4 + 1427.4 = 109753.8 DT.

On peut alors, estimer les bénéfices annuels à **109754 DT**.

Ces bénéfices sont considérés chaque année comme constants. A ces derniers, nous devons soustraire les frais de fonctionnement qui comprennent les coûts d'électricité pour les nouvelles lignes et les coûts de l'électricité de la maintenance et de la personne associée au fonctionnement du convoyeur pouvant générer des coûts de fonctionnement de l'ordre de 10000 DT.

Dans le tableau intitulé « Calcul de la durée d'amortissement » nous avons calculé le gain cumulé qui présente la somme du gain de l'année précédente et des bénéfices réalisés cette année moins les frais de fonctionnement.

Tableau 4.5- Calcul de la durée d'amortissement

Année	Investissements en dinars tunisien DT	Bénéfices en dinars tunisien DT	Frais de fonctionnement en dinars tunisien DT	Gains réels cumulés en dinars tunisien DT
0	110134	109754	10000	99754
1	0	109754	10000	199508
2	0	109754	10000	299262
3	0	109754	10000	399016
4	0	109754	10000	498770
5	0	109754	10000	598524
6	0	109754	10000	698278
7	0	109754	10000	798032
8	0	109754	10000	897786
9	0	109754	10000	997540

En traçant ces données sous la forme d'un graphique, nous obtenons la Figure 4.1.

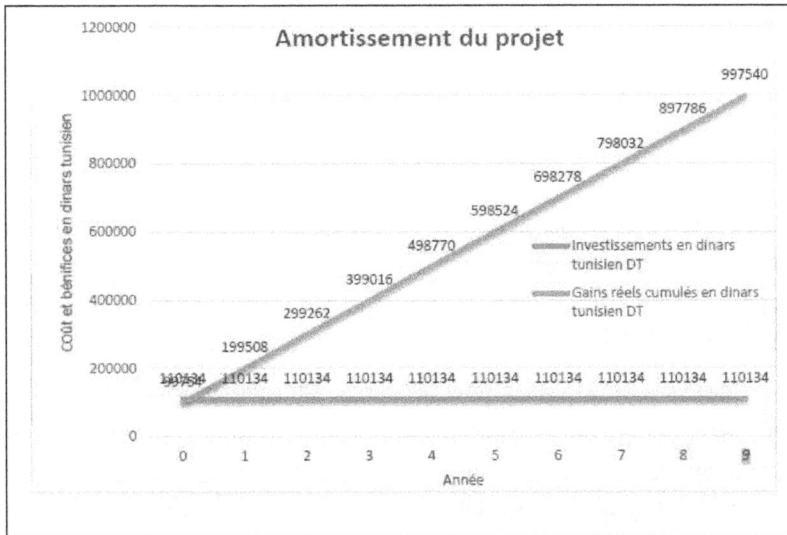

Figure 4.1- Amortissement du projet de réorganisation

Dans le tableau ci-dessous nous calculons le retour sur investissement tels qu'il est définit par la formule ci-dessous.

Tableau 4.6- Calcul du Retour Sur Investissement en pourcentage

Année	Le Retour Sur Investissement RIS (%)
0	-9.43
1	81.16
2	171.73
3	262.3
4	352.9
5	443.46

6	443.46
7	624.6
8	715.18
9	805.75

Par le calcul, et comme on peut le voir sur la Figure 4.1, nous arrivons à une durée d'amortissement du projet d'environ 1 an et 1 mois.

IV.4 Déroulement du projet

La planification du déroulement du projet est particulièrement importante non seulement parce qu'elle structure par avance les étapes de réalisation de la réorganisation du projet, mais aussi parce qu'elle fait partie de ce travail. Cette planification a été formalisée par le diagramme Gantt à l'aide du logiciel de gestion de projet Microsoft Project (MS Project).

IV.4.1 Description du déroulement de projet

Le projet commencerais le samedi 28/06/2014. Ce jour a été choisi dans le but de ne pas interrompre la production en atelier, ainsi toutes les tâches qui peuvent interrompre le cycle de production seront décaler vers le samedi et dimanche.

Dans cette partie, nous allons expliquer les étapes de réalisation du projet de réorganisation de l'atelier conventionnel en tenant compte de leurs priorités de déroulement.

La tâche préliminaire consiste à vérifier l'alimentation électrique pour l'implantation des nouvelles lignes d'assemblage, des nouveaux monopostes, de la zone de testeur et réparation ainsi que celui de la zone de formation. La durée de cette tâche est estimée à un jour réparti en deux heures pour chaque tâche. La tâche suivante consiste à déplacer les tables de test vers la zone qui est actuellement non exploitée. Cette tâche dure environ un jour. Elle est prioritaire car la zone actuellement occupée par les tables de test servira à l'implantation de la machine à vague et des lignes d'assemblage. La tâche suivante de durée estimative un jour, concerne le déplacement des tables de contrôle soudure et montage complémentaire et des tables de contrôle finale pour implanter à leurs places la table de réparation, la table de préparation des kits pour montage complémentaire et les étagères pour les testeurs. Par la suite il y aura la tâche de déplacement des tables de test dans leur zone prévue. Cette tâche dure approximativement un jour. Elle précède la tâche de déplacement des zones de nettoyage et d'emballage qui dure approximativement un jour. Après avoir déplacé ces zones, nous pouvons désormais déplacer la machine à vague et les deux lignes actuellement implantées, cependant, cette dernière tâche qui dure à peu près deux jours, doit être effectuée le samedi et dimanche. Les tâches suivantes consistent à installer le câble d'alimentation et les climatiseurs mais ceci ne peut être réalisé qu'après l'acquisition du câble d'alimentation et des climatiseurs et comme il s'agit d'une tâche administrative elle commence dès le commencement du projet et sa durée qui est estimée à sept jours ne décalera pas ces tâches. Ceci est de même pour l'installation de l'aspirateur de fumée. Les tâches suivantes concernent l'implantation des monopostes. Pour se faire, nous avons adopté une idée qui consiste à implanter les postes à chaque fois qu'ils soient acquis en considérant que la durée d'acquisition des tables compte chaque fois sept jours. Cette tâche se déroulera alors sur trois étapes. La dernière tâche consiste à placer les tables de formation. Pour l'acquisition des nouvelles lignes d'assemblage, des machines d'insertion automatique de composants traversant et d'implantation de la zone de test in-situ avec sa table de réparation in seront fait ultérieurement. Toutes les tâches sont réalisées par le service maintenance de l'entreprise.

Dans la figure 4.2 nous avons présenté le déroulement du projet élaboré à l'aide de Ms Project après avoir fourni les données suivantes :

- Nom du projet : réorganisation de l'atelier conventionnel

- Début du projet : 28/06/2014

- Calendrier personnalisée : samedi et dimanche jours ouvrables/ travailler neuf heures de 08h à 17h afin de pouvoir travailler pendant la pose des opérateurs.

- Les tâches sont soumises à la contrainte « début le plus tôt que possible » sauf pour les tâches qui doivent être effectuées pendant le samedi et dimanche.

N°	Nom de la tâche	Durée	Début	Fin	Prédécesseurs
1	Vérification alimentation testeur +zone réparation	2 hr	Sam 28/06/14	Sam 28/06/14	
2	Vérification alimentation zone cont_soudure et final	2 hr	Sam 28/06/14	Sam 28/06/14	
3	Vérification alimentation zone assemblage	2 hr	Sam 28/06/14	Sam 28/06/14	
4	Vérification alimentation zone formation	2 hr	Sam 28/06/14	Sam 28/06/14	
5	Déplacement zone de test au zone temporaire	1 jour	Sam 28/06/14	Sam 28/06/14	4
6	Déplacement zone contrôle final et soudure	1 jour	Sam 28/06/14	Dim 29/06/14	5
7	Déplacement zone réparation	1 jour	Dim 29/06/14	Dim 29/06/14	6
8	Déplacement zone péparation kits contrôle	1 jour	Dim 29/06/14	Dim 29/06/14	6
9	Déplacement etagère du testeur	1 jour	Dim 29/06/14	Dim 29/06/14	6
10	Déplacement zone de test dans la zone prévue	1 jour	Dim 29/06/14	Dim 29/06/14	9
11	Achat cable alimentation	7 jours	Sam 28/06/14	Lun 30/06/14	
12	Déplacement de la vague+ lignes d'assemblage	2 jours	Sam 05/07/14	Dim 06/07/14	11;25;24
13	Intallation du cable d'alimentation	1 jour	Dim 06/07/14	Dim 06/07/14	12
14	Installation climatisseur	7 jours	Dim 06/07/14	Mar 08/07/14	12
15	achat aspirateur	7 jours	Sam 28/06/14	Lun 30/06/14	
16	Installation aspirateur	1 jour	Dim 06/07/14	Dim 06/07/14	15;12
17	acquisition des premiers monopostes	7 jours	Dim 06/07/14	Mar 08/07/14	16
18	placement des premiers monopostes	1 jour	Mar 08/07/14	Mer 09/07/14	17
19	acquisition des second monopostes	7 jours	Mer 09/07/14	Ven 11/07/14	18
20	Placement des monopostes de la deuxième table	1 jour	Ven 11/07/14	Ven 11/07/14	19
21	acquisition des derniers monopostes	7 jours	Ven 11/07/14	Lun 14/07/14	20
22	Placement des derniers monopostes	1 jour	Lun 14/07/14	Lun 14/07/14	21
23	Mettre en place des lignes d'assemblage	4 jours	Dim 06/07/14	Lun 07/07/14	13
24	Déplacement zone nettoyage	1 jour	Dim 29/06/14	Lun 30/06/14	10
25	Déplacement zone emballage	1 jour	Dim 29/06/14	Lun 30/06/14	10
26	Mettre en place les tables pour formation	1 jour	Lun 14/07/14	Lun 14/07/14	22

Figure 4.2- Déroulement du projet de réorganisation de l'atelier conventionnel

IV.4.2 Diagramme de Gantt de déroulement du projet

Le diagramme de Gantt est l'outil classiquement utilisé en gestion de production pour visualiser l'utilisation des machines.

On met horizontalement la ligne du temps et à chaque machine correspond une ligne horizontale. Les différentes tâches effectuées sur la machine sont représentées par un segment de longueur proportionnelle à la durée de la tâche, le passage d'une machine à l'autre étant visualisé par une flèche.

En gestion de projets, le diagramme de Gantt est également caractérisé par une ligne horizontale pour le temps mais chaque ligne horizontale correspond cette fois à une tâche. Les flèches correspondent cette fois à des relations d'antériorité. On obtient le diagramme à barres (Souheil AYED, [2013]).

A l'aide du logiciel MS Project nous avons élaboré le diagramme de Gantt de déroulement du projet présenté dans la figure ci-dessous.

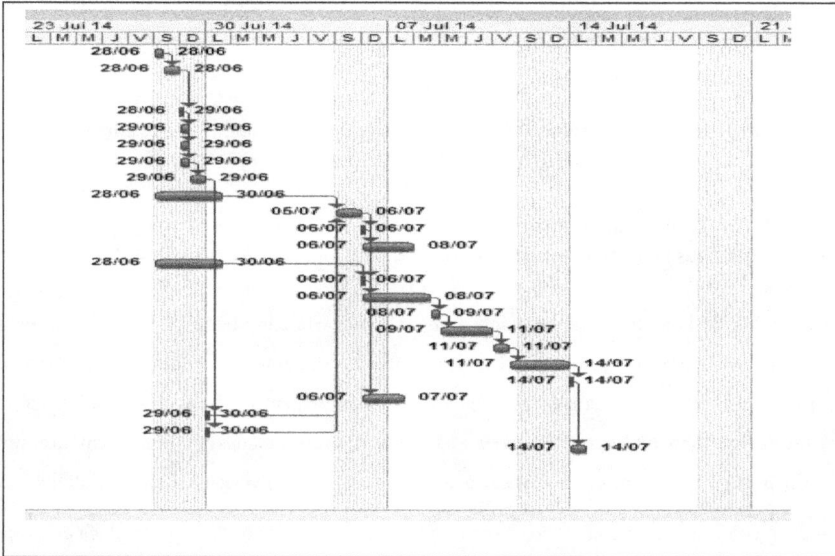

Figure 4.3- Diagramme de Gantt du projet de réaménagement de l'atelier conventionnel

Remarque : le projet tel qu'il est présenté sur le diagramme n'est pas finalisé à cause des contraintes liées à l'étude du fonctionnement du convoyeur et de la puce. Nous devons aussi signaler que les calculs du Retour Sur Investissement RIS ne peuvent commencer qu'à partir de la date de finalisation du projet.

IV.5 Conclusion

Au cours de ce chapitre, nous avons étudié les coûts de la mise en place du projet de réaménagement de l'atelier conventionnel et nous avons présenté une estimation du retour sur investissement. Le chapitre est finalisé avec une planification du déroulement du projet.

Conclusion générale

Au cours de ce projet, il nous a été demandé de concevoir une nouvelle organisation permettant d'optimiser la productivité au sein l'atelier conventionnel chez (nom confidentiel).

Nous avons pu remarquer que la définition de la problématique, qui est une étape plus compliquée qu'on aurait pu le penser, permet de cadrer parfaitement le projet et de ne pas s'emporter dans des considérations qui n'ont pas lieue d'être. Nous avons aussi pris conscience de la difficulté d'établir un cahier des charges pour une entreprise que nous ne connaissons pas encore parfaitement.

Pendant ce travail, nous avons effectué un diagnostic de l'atelier. Il en a résulté la détection de lacunes au niveau organisationnel et opérationnel dans cet atelier.

Les états de l'art, tout aussi importants, nous ont permis de monter en compétence dans des domaines que nous ne connaissions finalement pas, notamment les méthodes d'aménagement industriel.

Le choix de la méthode de réaménagement s'est révélé compliqué du fait de la diversité des acteurs qui entrent en jeu dans le secteur de câblage conventionnel et nous avons choisi, en regard de ces acteurs, d'adopter la méthode de réaménagement heuristique basée sur les proximités « Systematic Layout Planning » SLP tout en proposant des solutions d'amélioration. A la fin de cette étape, nous avons élaboré un plan de la nouvelle organisation de l'atelier.

Après le volet réaménagement, nous avons entamé la partie traitant la mise en place du projet. Pour se faire, nous avons estimé les coûts d'investissement et le retour sur investissement. Puis nous avons proposé une planification du projet.

Ce présent travail peut être étendu par l'adoption de méthodes d'amélioration continue telles que les 5 s, le Kaizen et le chatier Hoshin etc.

Ce projet était d'un grand intérêt car il permet de réaliser l'ampleur des problématiques liées à l'aménagement industriel et particulièrement la difficulté liée à l'organisation des ateliers qui œuvrent en grandes variétés et petites séries.

Bibliographie

- Armour, G. C., and Buffa, E. S. A heuristic algorithm and simulation approach to relativelocation of facilities. Management Sci. 9, 2 (Jan. 1963), 294-309.

- Arvin, S. A., and House, D. H.(2000). Modeling Architectural Design Objectives inPhysically Based Space Planning. Automated facilities Layout Programs, Proceedings of the 1966 21st national conference, p.191-199(January 1966).

- AYED Souheil. Cours deuxième année management de projet. Chapitre 2 ordonnancement des projets ENIB (2013).

- Backer, K. (1974). Introduction to sequencing and scheduling. John Wiley & Sons, NewYork.

- Balachandran, M. and Gero, J. S. (1987). Dimensioning of architectural floor plansunder conflicting objectives. Environment and Planning B (14), 29-37.

- Blazewicz, J., Ecker, K., Pesch, E., Schmidt, G., et Weglarz, J. (1996). Scheduling Computerand Manufacturing Processes. Springer, Berlin.

- Bloch, C. J., and Krishnamurti, R. The counting of rectangular dissections. Environmentand Planning B 5, 2 (Dec. 1978), 207-214.

- Brotchie, J. E., and Linzey, M. P. T. A model for integrated building design. Building Sci. 6, 3(Sept. 1971), 89-96.

- Brucker, P. (1998). Scheduling Algorithms. Springer-Verlag, Berlin Heidelberg.

- Carlier, J. et Chretienne, P. (1988). Probleme d'ordonnancement : Modelisation, Complexite,Algorithmes. Edition Masson, Paris.

- Charles E. Pfefferkorn, A heuristic problem solving design system for equipment orfurniture layouts, Communications of the ACM, v.18 n.5, p.286-297 (May 1975).

- Cinar, U. Facilities planning: A systems analysis and space allocation approach. In SpatialSynthesis in Computer-Aided Building Design. C. M. Eastman, (Ed.) Applied SciencePublishers Ltd. London (1975), 19-40.

- Conway, R., Maxwell, W., et Miller, L. (1967). Theory of scheduling. Addison Wesley,Reading, Massachussets. □ Cross, N. The Automated Architect. Pion Ltd. London (1977), 85-101.

- Dudnik, E. E. An evaluation of space planning methodologies. In Environmental DesignResearch. Vol. 1, Selected Papers, 4th Int. EDRA Conf., W. F. E. Preiser, (Ed.), Dowden,Hutchinson & Ross, Inc., Stroudsburgh (1973), 414--427.

- Earl, C. F. A note on the generation of rectangular dissections. Environment and Planning B4, 2 (Dec. 1977), 241-246. □ Eastman, C. M. Heuristic algorithms for automated space planning. 2nd Int. Joint Conf. onArtificial Intelligence. British Computer Society (1971), 27-39.

- Flemming, U. Wall representations of rectangular dissections and their use in automatedspace allocation. Environment and Planning B 5, 2 (Dec. 1978), 215-232.

- Gavett, J. W., et Plyter, N. V. The optimal assignment of facilities to locations by branch and bound. Operations Res. 14, 2 (Mar.-Apr. 1966), 210-232.

- Gawad, M. T., and Whitehead, B. Addition of communication paths to diagrammatic layouts. Building and Environment 11, 4 (Dec. 1976), 249-258.

- Gentles, J., and Gardner, W. BILD--building integrated layout design. A BA C USOccasional Paper No. 64. University of Strathclyde, Glasgow, Scotland (1978), 12 p.

- Gero, J. S. Note on "Synthesis and optimization of small rectangular floor plans" ofMitchell, Steadman, and Liggett. Environment and Planning B 4, 1 (Jun. 1977), 81-88.

- Grason, J. A dual linear graph representation for space-filling location problems of the floorplan type. In Emerging Methods in Environmental Design and Planning. G. T. Moore, (Ed.)Proc. of The Design Methods Group, 1st Int. Conf., Cambridge, MA. (1968), 170- 178.

- Hiller, M., Kolbe, O., Bayer, W., et Ruhrman, I. Heuristic solution of general locationproblems in administration and regional planning. Bulletin of Computer AidedArchitectural Design 20 (May 1976), 30-36.

- Homayouni, 2000, A Survey of Computational Approaches to Space Layout Planning (1965-2000). University of Washington.

- J. Calatayud, Note de cours ; L'INVESTISSEMENT Thème du programme : Croissance, capital et progrès technique (2014).

- Jerrold M. Seehof , Wayne O. Evans , James W. Friederichs , James J. Quigley,

- Julia Ruch. Interactive space layout: A graph theoretical approach, Proceedings of the no 15design automation conference on Design automation, p.152-157 (June 19-21, 1978), LasVegas, Nevada, United States.

- Jun H. Jo et John S. Gero, Space Layout Planning using an Evolutionary Approach,University of Sydney NSW 2006 Australia.

- Kalay, Y. and Shaviv, E. A method for evaluating activities layout in dwelling units. Building and Environment 14, 4 (Dec. 1979), 227-234.

- Korf, R. E. A shape independent theory of space allocation. Environment and Planning B 4,1 (Jun. 1977), 37-50.

- Krarup, J. and Pruzan, P. M. Computer-aided layout design. Mathematical ProgrammingStudy 9 (Jul. 1978), 75-94.

- Krejcirik, M. Computer-aided plant layout. Computer Aided Design 2, 1 (Autumn 1969), 7-19.

- Krishnamurti, R. and Roe, P. H. O'N. Algorithmic aspects of plan generation andenumeration. Environment and Planning B 5, 2 (Dec. 1978), 157-177.

- Lopez, P. et Esquirol, P. (1999). L'ordonnancement. Edition Economica, Paris.

- Maver, T. W. A theory of architectural design in which the role of the computer is identified. Building Science 4, 4 (Mar. 1970), 199- 207.

- Mayer, T. W. Models and techniques in design. Design Methods and Theories 13, 3/4(Jul. /Dec. 1979), 173-177.

- Mitchell, W. J., Steadman, J. P., et Liggett, R. S. Synthesis and optimization of small rectangular floor plans. Environment and Planning B 3, 1 (Jun. 1976), 37-70.

- Muther R. (1973), «Systematic layout planning», Management & Industrial Research Publications, 375 pages.

- Pinedo, M. (1955). Scheduling: Theory, Algorithms and Systems. Prentice-Hall, EnglewoodClis, New Jersey.

- Portlock, P. C. and Whitehead, B. Provision for daylight in layout planning. BuildingScience 8, 3 (Sept. 1973), 243-249.

- Radford, A. D. and Gero, J. S. On optimization in computer aided architectural design. Building and Environment 15, 2 (Jun. 1980), 73-80.

- Saad, 2007, Conception d'un système d'aide à l'ordonnancement tenant compte des impératifs économiques. l'École Centrale de Lille.

- Sharpe, R. Optimum space allocation within buildings. Building Science 8, 3 (Sept. 1973), 201-205.

- Simon, H.A. (1973), The structure of ill-structured problems. Artificial Intelligence (4), 215-229.

- Steadman, P.Graph.theoretic representation of architectural arrangement. In The Architecture of Form. L. March, (Ed.) Cambridge Univ. Press. London, New York, Melbourne (1976), 94- 115.

- Stiny, G. Two exercises in formal composition. Environment and Planning B 3, 2 (Dec.1976), 187-210.

- Th'ng, R.et Davies, M SPACES: an integrated suite of computer programs for accommodation scheduling, layout generation and appraisal of schools. Computer Aided Design 7, 2 (Apr. 1975), 112-118.

- Tompkins 1 A. (1982), «Plant layout», Handbook of Industrial Engineering, Etd. by Salvemdy G., John Wiley & Sons, New York.

- Tsang EPK, Borrett JE, Kwan ACM. An attempt to map the performance of a range ofalgorithm and heuristic combinations. Hybrid problems, hybrid solutions. InProceedings of AISB. IOS Press (1995). p. 203-16.

- Weinzapfel, G. and Handel, S. IMAGE: computer assistant for architectural design. InSpatial Synthesis in Computer-Aided Building Design. C. M. Eastman, (Ed.) AppliedScience Publishers Ltd. London (1975), 61-97.

- Whitehead, B., and Eldars, M. Z. An approach to the optimum layout of single-storey buildings. The Architects" Journal (17 June), 1964, 1373-1380.

- Willey, D. S. Structure for automated architectural sketch design. Computer Aided Design10, 5 (Sept. 1978), 307-312.

- Willoughby, T., Paterson, W., and Drummond, G. Computer aided architectural planning. Operational Research Quarterly 21, 1 (1970), 91-98.

- Yoon, K.B. (1992). A Constraint Model of Space Planning. Southampton, UK: Computational Mechanics Publications.

Site internet

[1] site officiel de l'entreprise

[2] http://electronique.rivalin.voila.net/fabrication/assemblage_cms.pdf

[3]http://www.esen.education.fr/conseils/traitement-des-donnees/operations/outils-de-diagnostic-structurants/outil-1-le-diagramme-dishikawa/

[4] http://www.mecamontage.com/

[5]http://www.ficap.fr/convoyeurs/convoyeurs.php?gclid=CPaavb2e8L4CFTLJtAodhxoAag

[6]http://www.flexlink.com/fr/offering/conveyorsystems/?gclid=CPWjoNee8L4CFe3JtAod OigAVg

[7]http://www.directindustry.fr/prod/alstef-automation/convoyeurs-chariots-automatiques-13385-54294.html

Normes

NORME FRANÇAISE NF X 35-102 :

CONCEPTION ERGONOMIQUE DES ESPACES DE TRAVAIL EN BUREAUX

Annexes

Annexe 1

Présentation de l'entreprise et définition de la

problématique

1.1   Organigramme de (nom confidentiel)

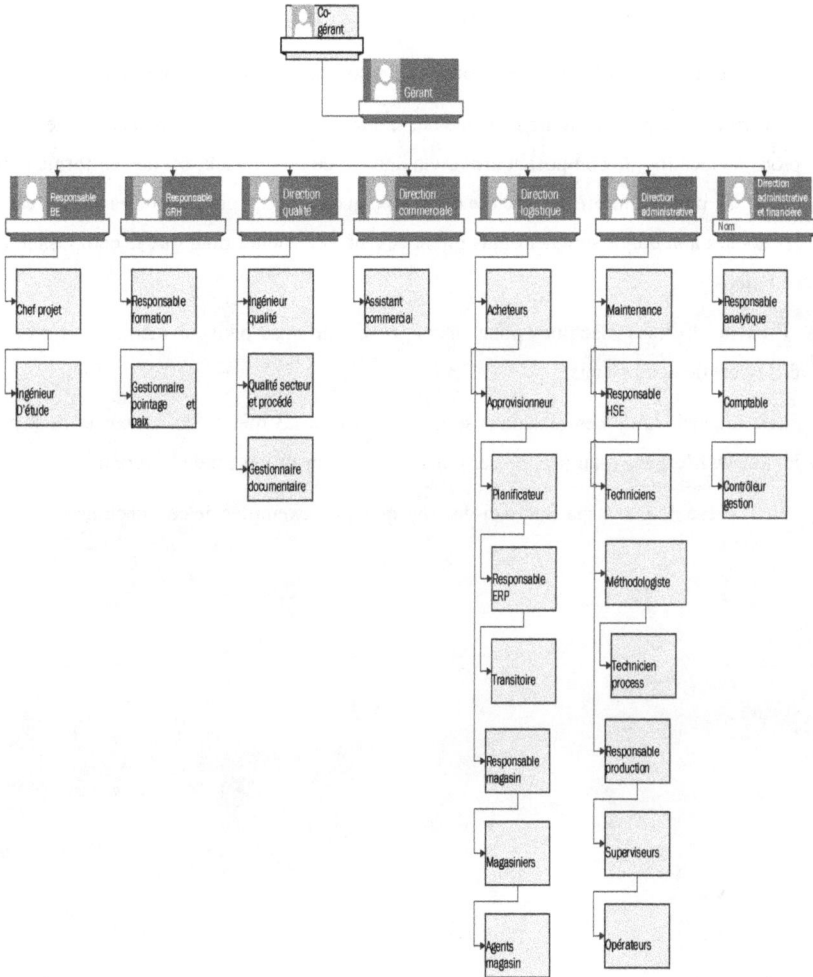

1.2   Les machines d'insertion de composants traversant

Les machines d'insertion des composants traversant sont des machines qui permettent la pose des composants traversant. En effet il existe trois grands types de composants traversant :

- Les axiaux, ceux qui ont leurs connexions sur le même axe (résistances, condensateurs chimiques, etc) ;

- Les radiaux, ceux qui ont leurs connexions l'une à côté de l'autre (capa mkh, céramique, VDR, quartz, transistors, etc) ;

- les DIL, ceux qui ont deux rangés de pattes (circuit intégrés, réseaux,...)

Le principe de pose est toujours le même, le circuit imprimé est centré mécaniquement par des pions de locating, le composant arrive via une bande ou un stick, est mis en forme pour le cas de l'axial, puis est inséré sur la carte à son emplacement, des pinces situées sous la carte coupe les queues à la bonne longueur puis plient ces mêmes queues pour que le composant ne puisse se retirer.

Il existe diverses machines pour chaque type, certaines peuvent même insérer deux types différents de composants.

Les dimensions de ces machines sont de l'ordre des 3 mètres de largeur et de 3 mètres de longueur. L'espace total occupé par une machine d'insertion est de l'ordre de 9 m^2.

Nous présentons dans la figure ci-dessous quelques exemples de ces machines.

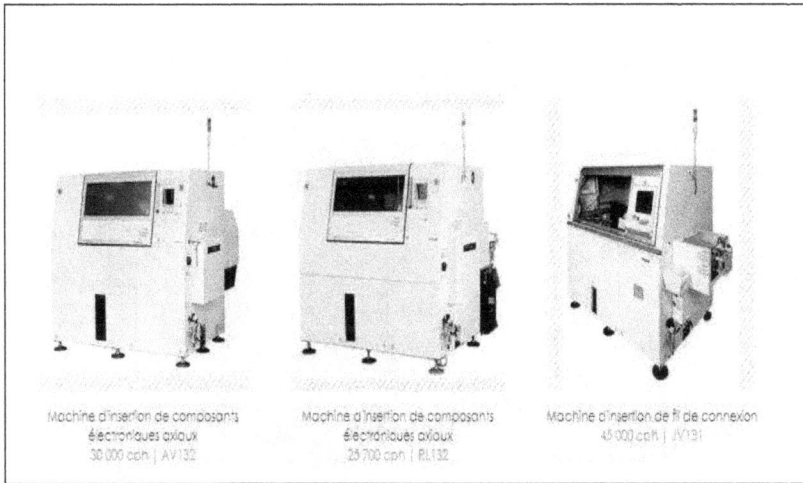

Figure 1.2.1- Exemple de machine d'insertion de composants traversant [*]

1.3   Le test in situ

In situ est une locution latine qui signifie sur place ; elle est utilisée en général pour désigner une opération ou un phénomène observé sur place, à l'endroit où il se déroule (sans le prélever ni le déplacer), par opposition à ex situ.

Dans l'industrie électronique, après le montage des composants électroniques sur la carte, elle passe par ce qu'on appelle un « test in Situ ». Ce genre de test permet de vérifier les valeurs des résistances montées, des capacités, des selfs, la continuité des connexions, les différents points où il y a des mauvaises soudures et de vérifier aussi l'état des relais s'il y en a. [reportage vu chez Snees].

L'espace occupé par une machine pour les tests in situ est de l'ordre de $1m^2$. Nous présentons ci-dessous un exemple de machine pour ce genre de test.

Figure 1.3.1- Test in situ

Annexe 2

Etats des lieux et état de l'art

2.1   Charge du secteur conventionnel de la semaine onze

Tableau 2.1.1- Charge du secteur conventionnel de la semaine onze

REFERENCES	QTY	Tc	TOTAL HEURES	LUNDI		MARDI		MERCREDI		JEUDI	
				PLAN	*REAL*	*PLAN*	*REAL*	*PLAN*	*REAL*	*PLAN*	*REAL*
CAACC3019001F	1000	12,55	209,2								
CAOTISA9658AW3	60	46	46,0								
CACAR3139001X	450	38,04	285,3								
CACAR3139005B	450		0,0								
CACAR3139003Z	450		0,0								
CACAR3139002Y	450		0,0								
CAPRE3025002J	400	3,6	24,0	100	54	100	10				
CAOTI2140045S	35	12,5	7,3								
CANAR2507001G	400	12,5	83,3								
CANAR2507006L	150	12,5	31,3								
CANAR2507004J	50	12,5	10,4								

CANAR2507007M	400	12,5	83,3								
CASSA9409302Y	50	18,95	15,8								
CASSA9406020S	100	20,34	33,9								
CAHEN2770001C	250	32,1	133,8			16	9				
CANAR2208004H	60	16,62	16,6			40					
CANAR2208005I	60	25,64	25,6			40					
CABOU3102003F	50		0,0								
CATHI2850001L	200	15,8	52,7			70	70	70	30	20	
CABOU3102005H	50		0,0								
CABOU3102005H	50	3,46	2,9								
CABOU3021001D	200	5,05	16,8	10							
CACAR2919004F	1500	18,47	461,8					400	400	140	
CASOC3051051K	350	4,6	26,8								
CABOU3102002E	50	31,22	26,0	20							
CASAF9815020J	100	37,6	62,7	10							
CASAF9815021K	300	37,03	185,2	65							
CADTF2645004J	1512	11,6	292,3								

CACAR3132003S	400	16,14	**107,6**								
CAOTI2140020L	50	25,83	**21,5**							50	
CAOTI2140047U	100	50	**83,3**			37	23				
CACAR2313001Q	500	19,9	**165,8**	122							
CACAR2313002R	1000	19,2	**320,0**								
CASSA2430012J	300	15,06	**75,3**								
CACAP2735001W	300	15,02	**75,1**								
CABGS2750012D	50	12,28	**10,2**							50	
CAACC3116002E	300	24	**120,0**								
CASEE2923001E	50	17,2	**14,3**								
CASEE2923002F	50	7,6	**6,3**								
CASEE2923003G	50		**0,0**								
CACHA2430002H	50	16,2	**13,5**								
CACHA2430003I	50	10,46	**8,7**							50	
CABGS2750014F	50	27,91	**23,3**			50					
CABGS2750016H	50	16,66	**13,9**								
CABGS2750018J	50	30,27	**25,2**								

CAPNC2937001N	50	5,48	**4,6**	30	14					10	
CAPNC2937030P	50	30	**25,0**								
CAPNC2943001K	50	5,48	**4,6**	50							
CAPNC2943030M	50	27,3	**22,8**	30	14					10	
CATOU2430002Z	100	10,46	**17,4**	30	14					10	
CATHI2128002K	200	25,9	**86,3**	27							
CATHI2906002O	150	12,53	**31,3**								
CATHI2906001N	150	39,48	**98,7**								
CASSA9407072A	25	53,7	**22,4**								
CATOU2808001H	225	7,37	**27,6**							100	
CATOU2808004K	225	8,8	**33,0**							100	
CACAR2337001W	2000	12,5	**416,7**	400	400	400	500	200	100	200	
CASSA9407071Z	25	53,7	**22,4**				25				
CASAF9815020J	160	37,03	**98,7**							60	
CACRE9813001G	40	38,8	**25,9**								
CAOTI2140045S	60	17,8	**17,8**			60	59				
CACAR3103003Q	150	16,14	**40,4**				50			50	

Code											
CACAR3132003S	400	16,14	107,6								
CABOU2752006S	100	6,63	11,1					100	100		
CABOU2752001N	100	7,61	12,7					100	100		
CAPSV2438002I	50	23,59	19,7								
CANAR2208002F	60	7,03	7,0								
CANAR2208003G	60	10	10,0								
CANAR2208011F	60	7,03	7,0								
CACAR2313002R	1000	19,2	320,0					100	80	100	
CAGEN2724030C	100	1	1,7							100	100
CAGEN2551001Y	250	3,6	15,0						100		
CAGEN2551002Z	250	19,96	83,2						100		
CAGEN2724070G	200	5,2	17,3							200	100
CAGEN2551030A	250	1	4,2						100		
CAGEN2724031D	100		0,0							100	100
CATHI9602061T	50	46,03	38,4								
CASSA9406020S	100	20,34	33,9						50		
CASSA9309072B	50	14,5	12,1						50		

CAMAT2941003L	270	7,26	**32,7**									
CASSA2430012J	300	16,2	**81,0**									
CACAP2735001W	300	15,02	**75,1**									
CAMAT2941001J	270	8,82	**39,7**									
CABOU2963002S	150	5	**12,5**									
CAHEN2770001C	500	32,1	**267,5**									
CANAR2507001G	400	7,5	**50,0**									
CANAR2507006L	140	7,5	**17,5**									
CANAR2507007M	400	7,5	**50,0**									
CASBM2114007H	100	26,4	**44,0**									
CASBM2114071I	400	2,99	**19,9**									
CASBM2114009J	100	5,38	**9,0**									
CATOU2517001E	200	17,92	**59,7**									
CABOU2752006S	150	6,63	**16,6**									
CABOU2752001N	150	7,61	**19,0**									
CATOU2808003J	50	6,35	**5,3**									
CATOU2808004K	50		**0,0**									

CASAF9815021K	190	37,6	119,1								
CATHI2128003L	140	24,1	56,2								
CATHI9610101N	50	28,22	23,5								
CACAR9802001A	300	14,7	73,5								
CACAR9802002B	300	14,7	73,5								
CATOU3039001E	300	65,9	329,5								
CATOU3039002F	300	15,6	78,0								
CACAP2233010P	50	20,8	17,3								
CACAR2919004F	500	18,47	153,9								
CASSA9928001A	50	29,91	24,9								
CACAR3132003S	350	16,14	94,2								
CAHEN2770004F	500	24,05	200,4								
CASSA265001L	50	3	2,5					50	50		
CASSA2126008Q	60	19,15	19,2							40	
CASSA2126007P	60	17,83	17,8							40	
CASSA2126002K	60	18,56	18,6							60	
CASSA2126030L	60		0,0							60	

CAROB3123001D	340	7,83	44,4							100	
CACAP2233010P	50	21	17,5								
CAPRE3025001I	260	29,47	127,7					60		100	
CAPRE3025003K	140	29,47	68,8					40		100	
CAFRI3227001G	15	13,7	3,4							15	
CASSA2126007P	48		0,0							48	
CAPSV2438002I	50	23,59	19,7								
CASSA9403101P	200+200	24,6									
CAPRE3025003K	140	15,1	35,2								
CATOU2808003J	50+50	6,35									
32B2600_MAIN	6000	17,59	1759,0	224	224	224		112	112	224	
32B2600_POWER	4000	32,45	2163,3							224	
335	200	14,1	47,0	100		100					
311	300	14,1	70,5								

2.2 Ecart minutage entre le minutage réalisé et le minutage facturé

Tableau 2.2.1- Ecart minutage facturé et minutage réalisé

NBRE /PANN EL- TRAD	ECART EN CONV/CABLE	REFERENCE	Minutage CONV-cab réalisé(mn)	Minutage CONV (mn) facturé	CAD APPROXI /AN	Ecart/annuel en TRAD
1	-6,50	CAOTISA9685BP	50	43,5	200	-1300
1	1,66	CAOTISA9685AY8	17,4	16,53	200	332
1	0,00	CASCE280601	12	12	0	0
1	-2,20	CATOU243002	15,6	10,2	500	-1100
1	-9,20	CASER243002	16,2	7	50	-460
1	5,80	CACARCTRSIMPLE T4	19,2	25	4000	23200
1	4,10	CACARCTRSIMPLES 4	19,9	24	4000	16400
1	-23,90	CACARATPLATEAU	65,9	30	1000	-23900
1	15,30	CACARATMICRO	14,7	30	1000	15300
1	4,80	CABV2 COM-CABINE	8,7	12,5	6000	28800
1	30,60	CATHI212802	25,9	41,5	500	15300
1	30,60	CATHI212802MIN	22,4	38	500	15300
1	10,20	CATHI212803	24,1	30,9	500	5100
1	-1,10	CASSA940310V2	24,6	23,5	200	-220
1	-1,10	CASSA940310V2K	24,6	23,5	100	-110
1	0,00	CAFOL270701	19	16	50	0
1	-4,62	CANARCHARGEUR SOL	16,62	12	50	-231
1	-15,94	CANARAFFICHEUR	25,64	9,7	50	-797
1	1,80	CANAR241301	11,2	13	100	180
1	4,97	CANAR251001	7,03	12	100	497
1	5,72	CANAR251001V150W	7,03	12	100	572
1	5,72	CANAR251001V100W	7,03	12	100	572

Annexe 3

Réorganisation de l'atelier conventionnel

3.1 Recueil des données (Q), (R), (S) et (T)

Tableau 3.1.1- Tableau des données

NR	REALISATION	ECART EN CONV/CABLE	REFERENCE	Minutage CONV réalisé(mn)	Minutage CONV (mn) facturé	Observation	Temps de test	PREPARATION	ASSEMBLAGE	SOUDURE+REPRISE	TEST	CTR FINAL+EMB	CAD APPROXI/AN	Ecart/annuel en TRAD
1	1	12,41	28B2500_MAIN	17,59	30	avec test	5	2	5,2	4,1	5	1,32		0
2	1	1,00	28B2500_KEY	2	3	avec test	0,30	0	0,4	1,15	0,3	0,12		0

3.2 Analyse de flux de matière

Tableau 3.2.1- calcul du total pondéré de l'analyse multicritère

référence	consommation en min de travail conv/an	NOTE	routage nbre de centres	consommation en pourcentage de ressources	NOTE	cout de production annuelle en €	NOTE	écart minutage facturé/minutage réalisé	NOTE	TOTAL pondéré
DUAL TANK 308	1800	2	4	80%	3	180	2	-6,00	3	10
DUAL TANK 311	14100	3	4	80%	3	1410	3	-2,10	3	12

3.3 Liste finale des références sélectionnées

Tableau 3.3.1- liste des références de l'échantillon

référence	consommation en min de travail conv/an	NOTE	routage nbre de centres	consommation en pourcentage de ressources	NOTE	cout de production annuelle en €	NOTE	écart minutage facturé/minutage réalisé	NOTE	TOTAL pondéré
DUAL TANK 311	14100	3	4	80%	3	1410	3	-2,10	3	12
DUAL TANK 335	14100	3	4	80%	3	1410	3	-2,10	3	12
ETRL001	47280	3	4	80%	3	4728	3	-5,93	3	12
582396A	43350	3	5	100%	4	4335	4	3,83	3	13
584173/G	47056	3	5	100%	4	4705,6	4	-36,61	4	14
907381	133500	4	4	80%	3	13350	4	-8,5	3	14
TR601678	270120	4	4	80%	3	27012	4	-5,01	3	14
TX TORIQUE 12374002(300va)	198075	4	4	80%	3	19807,5	4	0,66	1	12
DAD/E	216000	4	5	100%	4	21600	4	0,00	2	14
AVS2000SIP	272000	4	5	100%	4	27200	4	3,65	1	13
CAOTISA9685BP	10000	3	4	80%	3	1000	3	-6,50	3	12
CASSA243002	10460	3	5	100%	4	1046	3	-3,46	3	13
CACARATPLATEAU	65900	3	5	100%	4	6590	3	-23,90	4	14
CASAF981502 DS	18800	3	5	100%	4	1880	3	-11,40	4	14
CASAF981502 DC	18515	3	5	100%	4	1851,5	3	-11,33	4	14

CABGS275002	12	3	-0,24	3	1087	3	80%	4	3	10870
CAINJ292902-R4-R6	12	4	-15,16	2	455,6	4	100%	5	2	4556
CASTA2737002T	12	4	-14,83	2	195,3	4	100%	5	2	1953
CACHA243003	11	3	-2,56	2	104,6	4	100%	5	2	1046
CACHA243002	11	3	-6,67	2	162	4	100%	5	2	1620
CACAR313201	11	3	-2,62	2	305,4	4	100%	5	2	3054
CATOU243002-A	11	3	-5,40	2	780	4	100%	5	2	7800
CATOU303901	11	3	-1,63	2	931,5	4	100%	5	2	9315
CAFOL300501	11	1	2,27	3	1186,5	4	100%	5	3	11865
CASSA940707	11	4	-21,00	2	268,5	3	80%	4	2	2685
CASSA940707BP	11	4	-21,00	2	268,5	3	80%	4	2	2685
CABOU296303	11	3	-2,88	2	599	4	100%	5	2	5990
CASSA921210R	11	4	-33,83	2	271,65	3	80%	4	2	2716,5
CASSA921210V	11	4	-33,83	2	271,65	3	80%	4	2	2716,5
CAROSNIVTP3	11	4	-12,87	2	119,35	3	80%	4	2	1193,5
CATOU251701	11	4	-13,92	2	896	3	80%	4	2	8960
CAACC301901	11	3	-2,75	2	627,5	4	100%	5	2	6275
CASOC212301V2	11	4	-14,90	2	314	3	80%	4	2	3140
CATHI290601	11	4	-11,48	2	789,6	3	80%	4	2	7896
25170J/1-2-3	11	3	-4,60	2	106	4	100%	5	2	1060
SIMPLE SQ(meme que to)	11	4	-13,50	2	285	3	80%	4	2	2850

SIMPLE TO	2850	2	4	80%	3	285	2	-12,75	4	11
CASOCAFFV24C	1485	2	4	80%	3	148,5	2	-12,70	4	11
CASOCAFFV24C1	1485	2	4	80%	3	148,5	2	-11,70	4	11
CADTF264502	11600	3	5	100%	4	1160	3	0,59	1	11
CADTF264501	11600	3	5	100%	4	1160	3	0,59	1	11
CAROL263001	1110	2	5	100%	4	111	2	-4,50	3	11
CASOCREL V1 ou V2	9870	2	4	80%	3	987	2	-31,70	4	11
CABOU296301	10010	3	5	100%	4	1001	3	1,20	1	11
CASBMMT100	1320	2	4	80%	3	132	2	-17,40	4	11
CASBMMT150	1320	2	4	80%	3	132	2	-16,90	4	11
CASBMMTH100	1320	2	4	80%	3	132	2	-16,90	4	11
CASBMMTH150	1320	2	4	80%	3	132	2	-16,15	4	11
CASBMSUNMASTER	1320	2	4	80%	3	132	2	-16,90	4	11
CASBMTEMPO	1320	2	4	80%	3	132	2	-17,40	4	11
CAPSV243802	1179,5	2	5	100%	4	117,95	2	-1,09	3	11
CAHEN277001-240v	22470	3	5	100%	4	2247	3	4,90	1	11
CABOU261601	1350	2	5	100%	4	135	2	-3,50	3	11
CAPRE276301	3455	2	4	80%	3	345,5	2	-15,55	4	11
CANARAFFICHEUR	1282	2	4	80%	3	128,2	2	-15,94	4	11
CACARCTRSIMPLET 4	76800	3	5	100%	4	7680	3	5,80	1	11

CACARCTRSIMPLES										
4	79600	3	5		100%	4	7960	3	**4,10**	1	11
CATOU243002	7800	2	5		100%	4	780	2	**-2,20**	3	11
907936	3510	2	4		80%	3	351	2	**-10,1**	4	11
907857	5332	2	5		100%	4	533,2	2	**-0,7**	3	11
457051	72000	3		3	60%	2	7200	3	**-0,6**	3	11
457053	18000	3	3		60%	2	1800	3	**-0,6**	3	11
200100021Bb	3247,2	2	5		100%	4	324,72	2	**-6,78**	3	11

3.4   Routage des références de l'échantillon

Tableau 3.4.1- Tableau des routages

Référence	Routage
DUAL TANK 311	Rec_kit- Pre_pre- Ass-Sod_vag- Con_s-Con_f-Emb- M_boit- St_pf- Exp
DUAL TANK 335	Rec_kit- Pre_pre- Ass-Sod_vag- Con_s-Con_f-Emb- M_boit- St_pf- Exp
ETRL001	Rec_kit- Pre_pre- Ass-Sod_vag- Con_s-Con_f-Emb- M_boit- St_pf- Exp
582396A	Rec_kit- Pre_pre- Ass- Sod_vag- Con_s-Con_f- tes- Emb- M_boit- St_pf- Exp
584173/G	Rec_kit- Pre_pre- Ass- Sod_vag- Con_s-Con_f- tes- Emb- M_boit- St_pf- Exp
907381	Rec_kit- Pre_pre- Ass-Sod_vag- Con_s-Con_f-Emb- M_boit- St_pf- Exp
DAD/E	Rec_kit- Pre_pre- Ass- Sod_vag- Con_s-Con_f- tes- Emb- M_boit- St_pf- Exp
AVS2000SIP	Rec_kit- Pre_pre- Ass- Sod_vag- Con_s-Con_f- tes- Emb- M_boit- St_pf- Exp
CAOTISA9685BP	Rec_kit- Pre_pre- Ass- Sod_vag- Con_s-Con_f- Emb- M_boit- St_pf- Exp
CASSA243002	Rec_kit- Pre_pre- Ass- Sod_vag- Con_s-Con_f- tes- Emb- M_boit -St_pf- Exp
CACARATPLATEAU	Rec_kit- Pre_pre- Ass- Sod_vag- Con_s-Con_f- tes- Emb- M_boit- St_pf- Exp
CASAF981502 DS	Rec_kit- Pre_pre- Ass- Sod_vag- Con_s-Con_f- tes- Emb- M_boit -St_pf- Exp
CASAF981502 DC	Rec_kit- Pre_pre- Ass- Sod_vag- Con_s-Con_f- tes- Emb- M_boit- St_pf- Exp

CABGS275002	Con_s-Con_f- Emb- M_boit- St_pf- Exp
CAJNJ292902-R4-R6	Rec_kit- Pre_pre- Ass- Sod_vag- Con_s-Con_f- tes- Emb- M_boit- St_pf- Exp
CASTA2737002T	Rec_kit- Pre_pre- Ass- Sod_vag- Con_s-Con_f- tes- Emb- M_boit- St_pf- Exp
CACHA243003	Rec_kit- Pre_pre- Ass- Sod_vag- Con_s-Con_f- tes- Emb- M_boit- St_pf- Exp
CACHA243002	Rec_kit- Pre_pre- Ass- Sod_vag- Con_s-Con_f- tes- Emb- M_boit- St_pf- Exp
CACAR313201	Rec_kit- Pre_pre- Ass- Sod_vag- Con_s-Con_f- tes- Emb- M_boit- St_pf- Exp
CATOU243002-A	Rec_kit- Pre_pre- Ass- Sod_vag- Con_s-Con_f- tes- Emb- M_boit- St_pf- Exp
CATOU303901	Rec_kit- Pre_pre- Ass- Sod_vag- Con_s-Con_f- tes- Emb- M_boit- St_pf- Exp
CAFOL300501	Rec_kit- Pre_pre- Ass- Sod_vag- Con_s-Con_f- tes- Emb- M_boit- St_pf- Exp
CASSA940707	Rec_kit- Pre_pre- Ass- Sod_vag- Con_s-Con_f-Emb- M_boit- St_pf- Exp
CASSA940707BP	Rec_kit- Pre_pre- Ass- Sod_vag- Con_s-Con_f-Emb-M_boit - St_pf- Exp
CABOU296303	Rec_kit- Pre_pre- Ass- Sod_vag- Con_s-Con_f- tes- Emb- M_boit- St_pf- Exp
CASSA921210R	Rec_kit- Pre_pre- Ass- Sod_vag- Con_s-Con_f-Emb- M_boit- St_pf- Exp
CASSA921210V	Rec_kit- Pre_pre- Ass- Sod_vag- Con_s-Con_f-Emb- M_boit- St_pf- Exp
CAROSNIVTP3	Rec_kit- Pre_pre- Ass- Sod_vag- Con_s-Con_f-Emb- M_boit- St_pf- Exp
CATOU251701	Rec_kit- Pre_pre- Ass- Sod_vag- Con_s-Con_f-Emb- M_boit- St_pf- Exp

CAACC301901	Rec_kit- Pre_pre- Ass- Sod_vag- Con_s-Con_f- tes- Emb- M_boit- St_pf- Exp
CASOC212301V2	Rec_kit- Pre_pre- Ass- Sod_vag- Con_s-Con_f-Emb- M_boit- St_pf- Exp
CATHI290601	Rec_kit- Pre_pre- Ass- Sod_vag- Con_s-Con_f-Emb- M_boit- St_pf- Exp
25170J/1-2-3	Rec_kit- Pre_pre- Ass- Sod_vag- Con_s-Con_f- tes- Emb- M_boit- St_pf- Exp
SIMPLE S0	Rec_kit- Pre_pre- Ass- Sod_vag- Con_s-Con_f-Emb- M_boit- St_pf- Exp
SIMPLE T0	Rec_kit- Pre_pre- Ass- Sod_vag- Con_s-Con_f-Emb- M_boit- St_pf- Exp
CASOCAFFV24C	Rec_kit- Pre_pre- Ass- Sod_vag- Con_s-Con_f-Emb- M_boit- St_pf- Exp
CADTF264502	Rec_kit- Pre_pre- Ass- Sod_vag- Con_s-Con_f- tes- Emb- M_boit- St_pf- Exp
CADTF264501	Rec_kit- Pre_pre- Ass- Sod_vag- Con_s-Con_f- tes- Emb- M_boit- St_pf- Exp
CAROL263001	Rec_kit- Pre_pre- Ass- Sod_vag- Con_s-Con_f- tes- Emb- M_boit- St_pf- Exp
CASOCREL V1 ou V2	Rec_kit- Pre_pre- Ass- Sod_vag- Con_s-Con_f-Emb- M_boit- St_pf- Exp
CABOU296301	Rec_kit- Pre_pre- Ass- Sod_vag- Con_s-Con_f- tes- Emb- M_boit- St_pf- Exp
CASBMMT100	Rec_kit- Pre_pre- Ass- Sod_vag- Con_s-Con_f-Emb- M_boit- St_pf- Exp
CASBMMTH100	Rec_kit- Pre_pre- Ass- Sod_vag- Con_s-Con_f-Emb- M_boit- St_pf- Exp
CASBMMTH150	Rec_kit- Pre_pre- Ass- Sod_vag- Con_s-Con_f-Emb- M_boit- St_pf- Exp
CASBMSUNMASTER	Rec_kit- Pre_pre- Ass- Sod_vag- Con_s-Con_f-Emb- M_boit- St_pf- Exp

CASBMTEMPO	Rec_kit- Pre_pre- Ass- Sod_vag- Con_s-Con_f-Emb- M_boit- St_pf- Exp
CAPSV243802	Rec_kit- Pre_pre- Ass- Sod_vag- Con_s-Con_f- tes- Emb- M_boit- St_pf- Exp
CAHEN277001-240v	Rec_kit- Pre_pre- Ass- Sod_vag- Con_s-Con_f- tes- Emb- M_boit- St_pf- Exp
CABOU261601	Rec_kit- Pre_pre- Ass- Sod_vag- Con_s-Con_f- tes- Emb- M_boit- St_pf- Exp
CAPRE276301	Rec_kit- Pre_pre- Ass- Sod_vag- Con_s-Con_f-Emb- M_boit- St_pf- Exp
CANARAFFICHEUR	Rec_kit- Pre_pre- Ass- Sod_vag- Con_s-Con_f-Emb- M_boit- St_pf- Exp
CACARCTRSIMPLET 4	Rec_kit- Pre_pre- Ass- Sod_vag- Con_s-Con_f- tes- Emb- M_boit- St_pf- Exp
CACARCTRSIMPLES 4	Rec_kit- Pre_pre- Ass- Sod_vag- Con_s-Con_f- tes- Emb- St_pf- Exp
CATOU243002	Rec_kit- Pre_pre- Ass- Sod_vag- Con_s-Con_f- tes- Emb- M_boit- St_pf- Exp
907936	Rec_kit- Pre_pre- Ass- Sod_vag- Con_s-Con_f-Emb- M_boit- St_pf- Exp
907857	Rec_kit- Pre_pre- Ass- Sod_vag- Con_s-Con_f- tes- Emb- M_boit- St_pf- Exp
457051	Rec_kit- Pre_pre- Con_s-Con_f-Emb- M_boit- St_pf- Exp
457053	Rec_kit- Pre_pre- Con_s-Con_f-Emb- M_boit- St_pf- Exp
200100021Bb	Rec_kit- Pre_pre- Ass- Sod_vag- Con_s-Con_f- tes- Emb- M_boit- St_pf- Exp

3.5   Exemples d'alternatives de réaménagement

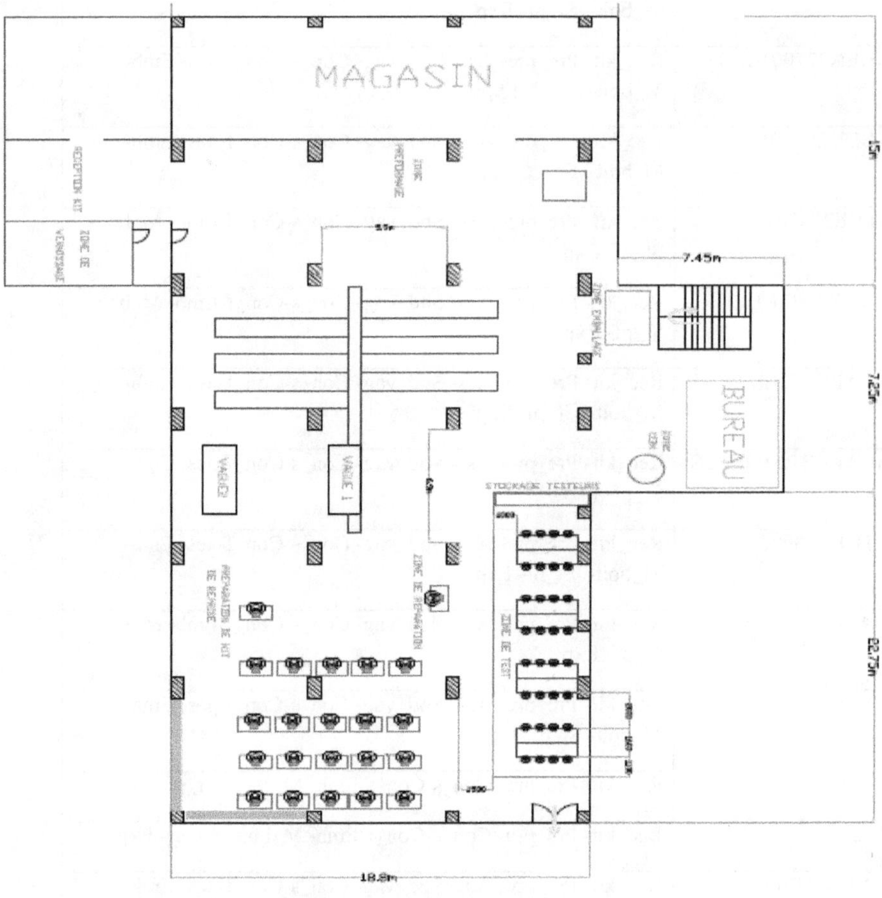

Figure 3.5.1- Alternative 1

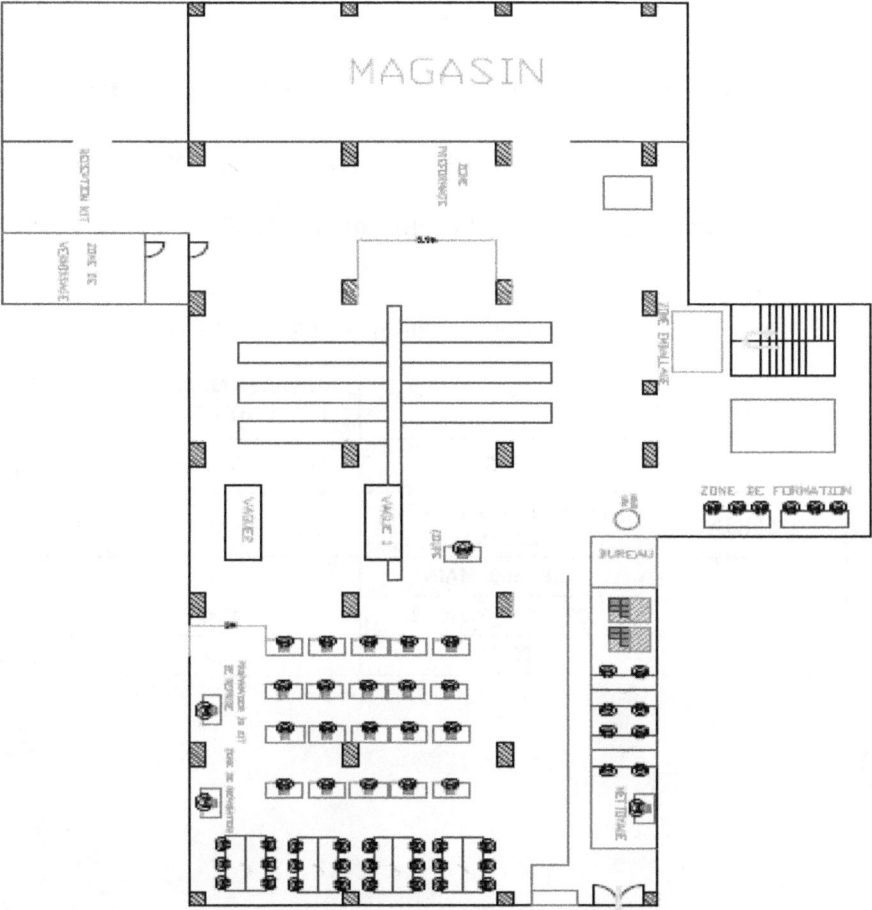

Figure 3.5.2- Alternative 2

Annexe 4

Etude de la mise en place de la nouvelle organisation de l'atelier

4.1 Plan de charge de la semaine dix neuf

Tableau 4.1.1- quantité planifiée pour la semaine dix neuf

		SUIVI DES MINUTAGES UNITAIRES	
	REF	MIN UNI /PROD	QTY WK 19
SERSA	VOIR PLAN DE PROD CLIENT	20	4000
	32B2600_MAIN	17,59	1120
	32B2600_POWER	32,45	1120
	TOTAL	70,04	6240

www.ingramcontent.com/pod-product-compliance
Lightning Source LLC
Chambersburg PA
CBHW021107210326
41598CB00016B/1362

9783841748331